共情心理学

李维伟 著

中国商业出版社

图书在版编目（CIP）数据

共情心理学 / 李维伟著. -- 北京：中国商业出版社，2022.1
ISBN 978-7-5208-1966-4

Ⅰ.①共… Ⅱ.①李… Ⅲ.①心理学—通俗读物 Ⅳ.①B84-49

中国版本图书馆CIP数据核字(2021)第245313号

责任编辑：林 海

（www.zgsycb.com 100053 北京广安门内报国寺1号）
总编室：010-63180647 编辑室：010-83118925
发行部：010-83120835/8286
新华书店经销
香河县宏润印刷有限公司印刷
*
880毫米×1230毫米 32开 6.25印张 185千字
2022年1月第1版 2022年1月第1次印刷
定价：48.00元
* * * *
（如有印装质量问题可更换）

前言
foreword

在我们每个人的成长历程中，都形成了自己观察问题、处理问题的一整套价值观体系，即所谓的个人主观参照标准。在我们进行社会交往的过程中，这些参照标准会先入为主，影响我们对别人的判断和对别人的猜测。坚持固有的主观标准使我们很少能接纳和感受对方，从而造成沟通障碍。

而这个不被接纳和不被理解的人长此以往会倍感孤独。所以有那么多人会产生心理问题、会寻求朋友的建议和帮助、求助于心理咨询师，就是为了将他们心中那些独特的想法和感受传达给别人，以获得别人的肯定和理解。

在心理学上有一个非常重要的概念，它也是心理咨询师一项非常重要的技能和能力，名为"共情"。真正的心理大师并不是你想象中那种打个响指就能让人入睡，而是具备极强的共情能力，能够读懂他人的人。这些心理咨询师能够通过共情帮助处于心理焦虑或孤独中的人摆脱困扰。

在日常生活中，共情能力同样存在于我们普通人当中。一个简单的业务沟通、一次紧张的亲子关系谈话、一段朋友之间的吐槽和闲聊等情况都需要我们发挥共情能力，帮助眼前人解决实际问题或者实际困难。

可以说，共情能力已经不再是心理治疗医生的专属能力，而是我们每一个人都必须具备的一项技能。在生活、工作中，拥有共情能力的人更容易获得幸福和成功。而对于为人父母的人来讲，共情育儿更有利于亲子沟通和孩子的成长。

当然，共情还可以应用于更加广泛的领域。共情可以用于网络公关，帮助企业转危机为生机；在品牌营销中，那些具有共情能力的有温度的品牌更容易受到大众喜爱和接受；而在新闻采访中，共情更可以帮助记者打开被采访者的心扉、挖掘出深层次的素材；在大、中、小学校，心理健康咨询工作同样需要相关工作者具备共情能力。

不过，共情并不是万能的，那些激发人们行为的因素不仅仅有共情，也有同情、怜悯、愤怒、嫉妒等。特别是在推动人们向善行转化的时候，共情并不一定起到积极的作用。这时候就需要我们区分情绪共情和认知共情，让共情发挥利好的一面。

现在，让我们从沟通开始，培养自己的共情能力吧！

目录
catalogue

第一章 "共情"概念解读 / 1

 第一节 共情的心理学解释 / 2

 第二节 共情概念的起源和发展 / 9

 第三节 共情的层次和同理心的形成 / 16

第二章 共情的意义 / 21

 第一节 共情的事例及共情是人的天性 / 22

 第二节 道德移情更适用于普通人 / 28

 第三节 原来共情商也是男女有别的 / 34

第三章 好的人际关系离不开共情 / 41

 第一节 共情能力强的人有什么特点 / 42

 第二节 应怎么共情 / 48

第三节　美满婚姻需要共情来经营 / 53

第四章　职场达人的共情思维 / 59

第一节　共情才是赚钱时最重要的能力 / 60

第二节　通过共情成为一名有效领导者 / 67

第三节　共情思维左右职场表现 / 74

第五章　共情与优秀父母的养成 / 81

第一节　最好的教育方式是共情 / 82

第二节　共情需要耐心、恒心 / 89

第三节　共情如何应用于亲子关系 / 96

第四节　如何避免没有效果的育儿式共情 / 102

第六章　共情在其他领域的应用 / 109

第一节　共情与网络公关 / 110

第二节　共情与品牌营销 / 116

第三节　共情与心理健康教育 / 123

第四节　共情与采访 / 132

第七章　提升共情能力从沟通开始 / 141

第一节　沟通的本质 / 142

第二节　共情沟通的技术是成功者所必备的 / 149

第三节　摒弃简单的情绪反馈，提升共情力 / 156

目录

第八章 避开共情的误区 / 165

第一节 共情是有局限的,要避开对共情的错误看法 / 166

第二节 摒弃过度共情 / 173

第三节 共情不是滥情,要从共情走向善行 / 180

结语 / 187

第一章 「共情」概念解读

第一节 共情的心理学解释

在心理学上有一个非常重要的概念，也是一项非常重要的技能，叫作共情。如果说这个世界上真的有心理大师的话，必定不是你所想象的那种随便打一个响指就能让人入睡的人，而是具备极强的共情能力、在你张口说第一句话之前就能够读懂你的人。

1. 共情概念

共情的英文名称是 empathy，又译作同理心，是由美国人本主义运动创始人罗杰斯提出的一个概念，简单来讲就是一种试图站在对方立场上感受对方的感受，从而表达出这种感受。共情也称为"神入""同理心"，还被译作"同感""投情"，等等。

人类区别于其他动物成为灵长类动物的一大特征就是具有共情能力。动物都会存在"利我"本能，人类在亲情、友情以及爱情中都要有"利他"产生的补偿心，而这就是共情。人是活在缺失中寻求补偿的，没有补偿就会迷失；没有补偿，生命就会失去精神、沦为动物。

第一章 "共情"概念解读

人与人之间是通过对感受的表达来形成连接的。具体来讲，就是我有一种情绪，萦绕在心间。你看到了它，理解了它，我们之间就产生了连接。如果你能替我表达出来，我们之间就产生了亲密的感觉，这就是共情。在这里面，感受的表达非常重要，而倾听对方的感受也非常重要。

但是要注意的是，真正的共情是感受对方的感觉，而不是对方的思维。我们不能随时随地观察到属于对方的思维，就很有可能会变得很敏感，太敏感的人总是不能无动于衷，总想着要为对方受到的伤害分担，结果往往发展成为讨好型人格。

所以说，真正的共情就是关注对方的感受而非思维，关注的是对方的一种心理情绪。这种情绪会通过我们大脑的镜像神经元进行传播，因此让我们产生同理心，理解他人的心理感受。

共情是没有标准可言的，没有什么正确或错误的方法。仅仅就是愿意倾听，保留空间，不要附带任何评判，带着一种情感力量去进行连接，以及与你的对方亲密交流那些足以令你难忘的内心伤痛，让你的对方立刻知道"你目前不是一个状态好的人"。

人际交往需要共情能力。阿德勒说过，对别人不感兴趣的人，他一生中遇到的困难最多。这里的"感兴趣"不是指你关心对方做什么工作，开什么车，住什么房子，结交了什么好朋友，这些都是对对方生活的外在形式感兴趣。真正的对人感到有兴趣是关注对方本身这个人，他有什么样的梦想，向往什么样的生活，想成为什么样的人。就

像伯牙遇见子期，第一声琴响就知道是知音。能够设身处地为别人着想的人永远不必过于担心自己的职业生涯没有前途。这就是共情的强大力量。

家庭教育也需要共情能力。父母有时候也抱怨"孩子一点都不理解父母，可怜天下父母心"。可是原生父母到底有没有反省孩子不能够理解原生父母这件事背后的原因，极有可能是，孩子从小没有从父母那里获得共情的能力。这就是原生家庭的教育的缺失。

举个例子，一个孩子突然摔倒了，他可以直接获得两种爱：一种是爸爸妈妈对他说，"宝宝给你吃颗糖果"，用美好的感觉来替代糟糕的感觉；另一种爱是爸爸妈妈对他说，"宝宝，你哪里疼，告诉我们"，用共情的方式让孩子真正感觉到爸爸妈妈对自己的在乎和接纳。往往我们在原生家庭中缺少的是后一种爱，就是在脆弱的时候的理解和陪伴以及指导。如果家长足够耐心倾听每个孩子的内心，孩子就会准确描述他们现在面临的各种困境。有时候，孩子们最需要的是父母对他们产生共情，让他们能够明白，这是父母在跟我一起承担痛苦，那么孩子也就能培养起一种自律的能力，它可以帮助孩子推迟满足，从而获得更大的幸福。

当我们爱上一个人时，共情就更明显了。爱情就是最深层次的一种共情，是我们进入另一个人最深层次人格的唯一有效方法。只有当我们真正地身处在这种爱情中，真正具体理解到了对方的内心感受时，我们才将真正收获平静和幸福。这就是爱的真谛。

2. 共情是一种心理疗愈手段

研究表明，边缘性人格障碍和自闭症患者都有共情功能障碍或说损伤。因此，共情是人格心理学、社会心理学、临床心理学以及精神病学所关注的重要研究课题，是个体社会化程度的重要衡量标准之一。

共情对于医患关系的有效建立、促进与其他来访者进行自我心理探讨，以及促成其他来访者的自我改变，都具有非常重要的作用。罗杰斯将共情称为同感，就是"体会来访者的内心世界，有如自己的内心世界一般，可是却永远不能失掉'有如'这个特质"。

也就是说，治疗师能够设身处地进入一个来访人的真实内心世界，理解他的认识和行为，如同自己也在他那个境况当中一样。这也可以说是要"进得去"，否则不能了解来访者。

另外，治疗师要保持自己的独立性，不被来访者的情绪牵着走，不被来访者所控制，即要能"出得来"。如此才能自觉地感受到个人独立的力量，才能真正保持一个真实的自我，有能力敏感地找到来访者自己无法意识到的误区，帮助他进行改变。

所以，治疗师首先一定要摆正自己的评价标准，倾听来访者不要以自己的主观判断先入为主地评判他，要作到接纳和感受对方。但治疗师并不是完全认同他们的认识和感受，而是通过沟通，促进来访者人格发生建设性的改变。要感受到来访者内心的愤怒、恐惧、内疚、迷茫等，并向来访者表达出他们是被理解和读懂的。

3. 以镜观心——共情的生理学基础

20世纪90年代中期，意大利帕尔玛大学的神经科学家G.里佐拉蒂、V.加勒斯等在恒河猴的腹侧运动皮层的F5区发现了一类神奇的运动神经元。科学家们发现，这些神经元在猴子执行与目标相关的手或者嘴部动作时（比如抓取物体）被激活了。更让人欣喜的发现是，人类同样拥有这样的运动神经元，在执行相似动作时，这些神经元也会被激活。就像一面镜子将他人的动作映射到自己的大脑中。因此，研究者称之为"镜像神经元"（mirror neurons）。

镜像神经元在我们的工作和生活中发挥着重要的作用，比如当我们每次看到其他人笑也都会不由自主地笑起来。镜像神经元能够帮助我们在现场第一时间察知别人的肢体表情和精神上的感受，从而有效地帮助我们的大脑来认识别人的思想、意图，了解其他人的身体和精神状态。通过这种镜像式模仿，我们就能够跟别人共同分享自己的情感、经历、需求和目标，通过模仿、利用镜像神经元来加速自己与他人之间的亲密联系。这正是共情的生理学基础。

《纽约时报》指出，镜像神经元的发现震撼了许多科学领域，改变了我们对文化、共情、哲学、语言、模仿、自闭症和心智治疗的看法。

20多年来，科学家们通过一系列的社会心理学研究，试图从模仿行为中找到共情的发生机制。

1999年，在查坦德与巴奇的一次实验中，被试者和一些由主试者安排的助手在一起讨论图片，这些助手故意地模仿被试的各种动作。实验的结果表明，那些其动作被模仿的被试者会更喜欢模仿他们动作的助手，并认为自己与那些助手的互动顺利程度更高。

2008年，麦达克斯的一项研究发现，在进行谈判的过程中，模仿了对方的被试者相较于没有进行模仿的被试者在最后往往可以获得更为有利于自己的谈判成绩和结果。

总之，模仿是种种讨好对方的策略里最真诚的一种，并有助于建立彼此间的情感。这就是著名的"变色龙效应"（Chameleon Effect）。

伴随着镜像神经元的发现，科学家们终于为我们揭开了这一神秘面纱。2003年，卡尔对模仿和面部情绪观察的fMRI进行了研究，证明了共情是由镜像神经元系统、边缘系统以及连接这两个神经系统的脑岛组成的大型神经网络来实现的。在这种网络中，镜像神经元通过观察模仿他人的脸部表情，从而进一步引起了边缘系统的运行，使观察者也产生了被观察者的情绪。比如，观察到爱人的双手，受到某个电刺激，就可能会直接激活被试大脑中脑岛的镜像神经元系统，从而与之产生强烈的共情体验。

亚科博尼总结道："模仿与共情能力不是复杂的推理与计算过程，因为那样会使我们的大脑处于高负荷的状态。而镜像神经元恰好为我们的模仿与共情能力提供了一个前反思性的、自动化的机制。通过镜像神经元的激活使得我们具备自动模仿他人的倾向，从而感同身受地理解他人情绪。"

"当人们可以自由选择地去做他喜欢的事时,他们通常是模仿彼此。"这是美国作家、哲学家 E.霍弗说过的话。这种模仿性行为是人类最原始、非语言化的交流。这就是共情发生的机制。

第二节 共情概念的起源和发展

1. 通俗意义上的共情从罗杰斯开始流行

罗杰斯提出 empathy 的概念实际上源于他对一组少年犯的研究范本的洞察。1942 年，精神分析和行为主义依然占据美国心理学的统治地位。当时，比尔凯尔决定用成分因素分析法运用于其导师的研究，用该工具预测少年犯的未来行为。他选择 155 个少年犯作为样本。其中，只有 75 个具有后续研究的资料。

本次研究给当时的罗杰斯带来了一些设想。他本来认为，家庭环境很有可能成为人们预测未来行为发展的最主要影响因素。

但是这项调查的相关数据和分析结果却出乎了比尔凯尔的意料，也使罗杰斯吃了一惊。结果显示，关于自我洞察的等级评定最能预测未来行为，相关度达到 0.84，居第一位，而家庭环境只占 0.64 相关度，居第四位。

同年，另一位美国心理学家海伦·麦克内尔决定重复比尔凯尔的

这项研究，她分别挑选了不同的个案对其研究，结论中的相关因素结果也都相似，自我洞察仍然占第一位。1948年，佛吉尼亚·埃克斯兰公司又全新重复了这项研究，结果也与之相同。

罗杰斯在其后续研究中补充并重新细化了其他有关的因素，比如个人气质、情感评估、自我理解、认同评估、关系评估、自我接受、自尊评估等。随着这次调查工作的进一步深入和展开，自我理解占据了最为显著的治疗因素位置。

此时，自我理解已经变成了罗杰斯心理学治疗的头号最具治愈力的因素。他曾经感叹："有些时候，结果比我自己知道的更清楚。"

后续又有很多组织和研究者的结果也充分表明了，在我们进行心理治疗的过程中，当事人的主动性因素占据整个治疗效果的40%，治疗关系因素占据30%，安慰剂效应因素占15%，治疗者所持技术流派作用因素占15%。

而另一份德国的科学家对他们所进行的长期跟随性调查研究的结果表明，那些曾经参与过心理治疗的当事人，即便在几十年后，已经完全忘记了治疗者最初是采用什么样的技术，但却对于治疗者当时的态度和共情方式印象深刻。

罗杰斯之所以成为罗杰斯，就是因为他更多的是考虑被治疗者本身的感受，希望他们在接受治疗后生活得更好，希望他们的人生更有意义。因此，他依据这项科学研究最终成功地发明了一种类似人本主义式的科学治疗方法，其中操作起来十分简单但是又难以掌握的本领就是"共情"。罗杰斯将其描述为同感，或者说这就是感同身受。

"我理解的是你……是这样吗？"这句话是典型的罗杰斯共情的表达方式中开天辟地的第一句，其主要目的就是强化被治疗者内心的自我理解。

2. 共情的发展

罗杰斯认为，人与其他人之间的了解是很困难的，哪怕他是一个接受过专业训练的心理工作者。在我们想要理解另外一个人的时候，要小心翼翼，因为眼前的那个人无论是对谁而言，都是相当陌生的。

因此，对于眼前这个陌生的生命，最重要的一点就是对这个个体要充满尊重，这么做至少对当事者本人而言是有意义的。罗杰斯说，"一个人是很难把自己非常脆弱的一面表露给你的，只要人家觉得你有一点点误解、拒绝或评判什么的，都会对你关闭心灵的窗口"。

正是因为罗杰斯的那句"我理解的是你……是这样吗？"打开了共情方式的心理治疗之门，他于1956年被授予美国心理学会第一届杰出科学贡献奖。评委会给他的评价是："他发展出一种使心理治疗过程的描述和分析客观化的富有创意的方法，形成了一种心理治疗技能对人格和行为治疗效果的可验证性的理论，并进行了深入而系统的研究，以展示其对科学方法的灵活应用，使心理学的这一领域进入了科学心理学的范围。"

这种共情的方式已经影响了同一个时代的大多数医生和治疗人员，如果我们再回到过去，就一定会发现很多罗杰斯共情方式的例子，它们都是对罗杰斯共情方式的延伸和实践，大多数取得了不错的成果。

比如，认知治疗的领袖人物贝克医生。在一个有自杀倾向的治疗过程中，当事人是一个40岁左右的临床女心理学家，在自杀干预模式结束后，贝克立即选取了以当事人为中心的模式，由对方自己去澄清问题，计划解决问题。

再如，美国两位长期从事心理认知学和心理治疗的著名学者海斯和戈德佛里德，运用治疗焦点编码系统（CSTF），对罗杰斯1982年南非的马克案例展开研究。研究得出的结论是双方采取的策略相对一致，但贝克医生说话明显就多了，干预也更多，强调了治疗师的主动性。在以罗杰斯为中心的疗法中，罗杰斯充分地强调当事人的主动性，更加深入地关注当事人自身对问题的认识和理解。这是对罗杰斯共情方式的又一次深入和发展。

当然，并不是所有的共情方式对心理治疗都那么有效。比如来自美国旧金山大学医学院的迈克尔霍伊特认为自己的一次治疗失败恰恰是因为共情过头，他解释说，"我认为在我试图通过共情从其他人眼睛里获得信息与完全沉浸于他们世界两者中间需要画一条界线，所以，我必须在成为他们的一部分和远离他们之间保持一定程度的客观、微妙的平衡。我也可以使自己变得更敏感和共情，但是我觉得和他们拥有不同的观点是非常重要的"。

在学术领域内，以罗杰斯为首的人本主义与以科胡特为主要成员代表的精神分析学派发生了激烈冲突后，罗杰斯运用了各种解释性技术，科胡特则完全放弃了将共情视为资料收集的技术性取向观点。

争论的最终结果就是，罗杰斯或科胡特都不愿把共情看成是一种技术手段。

3. 共情的前世和今生

实际上，在罗杰斯之前，和共情相似的概念就已经流传了半个多世纪。在西方，共情概念经过将近百年的历史发展，包括历史、哲学、社会学、心理等多个主要分支学科在内的相关学科都已经针对共情进行了很多次的研究。罗杰斯之后，依然有很多学者对共情提出了不同的见解。

在共情之前，学者们首先对同感作出了不同的研究和解释。

1759年，经济学家和道德伦理学家H. Smith就提出，当个体观察到他人处于某种强烈情感状态时，天生具有体验到与所观察到的情感状态大体一致的同感（fellow-feeling）的能力。

1870年，Spencer在《心理学原则》中也首次提出了有影响力的关于同感的观点。他认为，在世界范围内的许多包含人类在内的各个物种中，与其他同类联合都具有相互适应的功能，因为数量多会增加安全感。同感在很大程度上被认为是一种沟通的方式，同类型的反应

者能够向他们提供重要的、有关环境条件的信息。同感现象能够促使群体中所有的成员迅速地体验和感受到同种的情绪状态，从而可能作出统一的行动。

1908年，Mcdougall在《社会心理学导论》中则明确地提出同感是"硬件"对于身体知觉和心理机制的自动反应，是人类激发情感的方式之一。

以上三位科学家对于同感的解释虽然从形成上看有所差异，但是他们都使用了"同感"来描述两个个体之间的情感共享。

在1909年的"关于思维过程的实验心理学的讲稿"中，Titchener第一次提及英文empathy，认为人的共情是一种通过内在的模拟而产生心理意象的过程。当时Titchener已经发现肌肉模拟的现象，因此他认为共情包含的不是对他人活动的直接的直觉，而是想象地重建他人的感觉体验。

后来还有学者将共情中的认知成分作为研究的核心。直到罗杰斯和卡尔凯尔进行临床研究才使得共情方法得以广泛流传。到了20世纪70年代，又有学者开始关注起共情的情感成分。总体而言，对共情的研究呈现出多种取向，即情感取向、认知取向和二者兼有的多维取向。

也就是说，对于共情这个概念，实际上并没有一个完全统一的结论。在不同的阶段，不同的心理学、社会学层面，对于共情的解释都不相同。从总体来讲，共情可以划分在临床心理学与实验心理学这两条途径下。而这些年伴随着影像科学在这一领域的发展与应用,科学家们更加深刻地了解到共情及其相关结构。

但是,毕竟共情仍然是一种发生于人际交往和互动过程中的一种复杂现象,因此,多种学科研究方法的结合将更有助于探讨共情的发生、发展和变化过程。

对于我们普通读者来讲,共情并不应该是什么高深的某个学科的理论,而是一条维系人与人之间的情感联系的纽带。我们在本书中理解的共情更倾向于在理论的外表下追求心灵相通的感性沟通。

第三节　共情的层次和同理心的形成

当共情这个概念在心理学上被广泛应用于心理治疗时,其实,在我们的日常沟通中也可被广泛地用到。从治疗的角度和日常生活的角度,我们均可以看到共情在其中发挥的作用。

1. 从一次心理治疗看共情的五个层次

共情的五个层次是由美国著名心理专家勒纳德提出的,在他的"同感共情循环"理论中,他将同感共情的表达分成五个递进式的层次。

一是同感共情趋向。咨询师对来访者的倾诉作积极的参与、接纳与肯定。

二是同感共情共鸣。咨询师对来访者的倾诉作直接或间接的同感共情交流以求共鸣。

三是表达同感共情。咨询师对来访者的倾诉明确表达或交流其意识感受。

第一章 "共情"概念解读

四是接受同感共情来访者。让来访者能够专心地进行他们的咨询，以形成一种对咨询师即刻理解的感觉或知觉。

五是同感共情循环继续。来访者继续或重新开始以这种方式来进行自我表达，使用这种方式可以向咨询师提供有关同感共情反应的准确性的证据，以及对治疗关系的反馈。

如果拿一个具有父子关系问题的来访者来举例，咨询师和来访者之间的共情循环是怎样的一个过程呢？

来访者的问题是，他和父亲的关系很僵，他觉得父亲对他太严厉了。让我们看看咨询师在不同层次的反应。

层次一：这很常见啊，没有什么了不起的，我和我父亲的关系也很僵。

层次二：你应该多理解你父亲，要主动跟你父亲沟通，想想这背后的原因。

层次三：我知道你对此感觉很沮丧，你似乎在自责；听得出来，你其实想要改进你和你父亲之间的关系。

层次四：你感觉到无法接近父亲，所以很有挫败感，是吗？你希望父亲对你更加宽容，因此你们可以互相接受，是吗？

层次五：你感到无法接近父亲，所以很有挫败感，能告诉我你做过什么努力吗？

由此可以看到，同感共情指的是咨询师与来访人之间的那些有意识、有目的的行为。一方面，在前两个层次中，咨询师针对来访人

员的表达方式做出了一定程度上的倾斜和同感共情性的反应。另一方面，被接纳的同情共享体验会给来访者带来巨大的启发和鼓舞。

有了这个稳固的咨询关系，到了咨询后期，咨询师就可以用更尖锐的方式来表达同感共情。在此之前，咨询师的主要目标就是让来访者感受到自己被理解了。

2. 同理心——生活中的共情

在生活中，能够具有共情能力是非常重要的，我们常常把这种能力也叫作同理心。简单地说，就是要了解别人的感觉，这个技巧在各领域中都很重要。无论是销售、管理、恋爱、育儿、政治等各类活动，如果缺乏这个技巧就有可能造成可怕的后果，心理变态型的罪犯、强暴者、虐待孩子和儿童的人就是这方面的例子。

那同理心是怎么形成的呢？这要从哈佛心理学教授罗伯特·罗森索设计的一项测验说起。

罗伯特·罗森索注意到，普通人很少将情感直接用语言表达，而是用非语言交流，比如你的语调、手势、表情等。罗森索设计了一种被人们称为"非语同理敏感度"的非语同理性内心能力检测，以一位年轻的女性表达各种不同情绪来作为这项研究的主题，制作了一系列的录影带。

他们针对美国等十九个国家七千多人进行了实验，发现对非语言交流判读力高的人有多项优点：情感调适力较强、较受欢迎、较外向、较敏感。一般而言，女性判读力较男性高。研究结果发现这类人与特定的异性交往关系比较佳，可见同理心有助于我们的爱情生活。

另一项针对 102 名儿童所做的测验发现，敏度高的孩子在学校较受欢迎，情感也较稳定，在校表现较佳，虽然其智力并不比敏感度低的孩子高，显示同理心有助于学习（或有助于获得老师的喜爱）。

人的理智运作是以语言为媒介的，而情感则是非语言的。我们常常不会注意信息的性质，而是无言地接收。

9 个月大的小望每次只要见到其他一个小孩摔倒，眼睛中就会浮起一滴泪水，然后爬进妈妈怀里去寻求庇护，仿佛那些摔倒的人就是她。15 个月大的麦可见好朋友保罗在哭，就会拿出自己的一只玩具熊来安慰他，如果保罗仍然哭个不休，麦可还会把枕头给他。由此可见，同理心的产生可以追溯至婴幼儿时代。这些都是人类同理心的最早迹象。

在生活中，不具有同理心的人可以说具有可悲之处和缺憾，因为人们彼此关怀与融洽的人际关系本身就是获得幸福的基础，而融洽的人际关系也来源于敏锐的感受和同理心。

第二章

共情的意义

第一节 共情的事例及共情是人的天性

共情存在于人类的自然天性当中，人性并非是极端自私的，我们只要关注他人的命运，就会对别人的快乐和幸福感觉到满足，也为别人的不幸而感到哀痛。当我们看到不公平的事情时也会产生不满情绪。别人的事情虽然和我们没有什么直接联系，但是我们往往会不由自主地将别人身上已经发生过的事情想象在自己身上，并且产生相应的感觉和情绪，有时候还可能会选择采取一些措施。人类的这种行为就是共情。

让我们先来看一段日常生活中的共情的例子吧。

1. 当室友说"不想上班"的时候其实是在说什么

初冬，暖气还没有来，早上醒来的时候屋子里特别冷，只有被窝里是暖和的。这时候你的室友睡眼惺忪地向你抱怨了一句，"我想睡懒觉，不想上班"，这时候，你该怎么回应呢？

听起来是一句再简单、再日常不过的对话语句，可是人们的回应却可能千差万别。也许这种小事情你平时并没有在意，可是却反映出你在共情方面的能力。体现共情能力越强的对话，双方愉悦沟通的概率就越大。来看看以下几种回应的选择。

（1）不想上班就别上了，辞职呗。

（2）不上班你怎么挣钱养活自己啊？

（3）你跟我说这个有什么用，我又不是你老板。

（4）我比你更困更不想上班。

（5）你睡得太晚了，下次早点睡。

（6）每天早起确实挺辛苦的。

（7）不如让我们一次睡个够，醒了一起去抢银行吧！

你会选哪个？当我们已经明白共情的含义之后，我们当然会选（7）。但是回想一下，在生活当中，我们是不是常常选（7）？还是，经常忽略了（7）？

我们看看这里的回应都运用到了哪些共情技巧。

首先是不要以评价的方式来认可对方的情绪，这样只会导致对方陷入更深的情绪里面。比如这道题里的（6）应答简直就是发"好人卡"的设计。想想是不是有很多这样的例子，你说"上班呢，困死了"，他来一句"上班是很容易犯困"。你说一句"我感冒了"，他来一句"生病确实很不舒服"。不都是废话吗？于事无补。最好的方式是通过表达自己愿意跟对方在行为上一致来认可对方。

如果我们只是希望能够帮助彼此释放自己的情感，我们就可以选择采取一些夸大甚至是荒谬的方式。比方说，当女朋友说"被老板批评了，不开心"的时候，你回答"大爷的，今晚咱联手干掉他"。这也许比你单纯给女朋友几句安慰的话更能让她舒心。

这也就是为什么这道题我们选（7）的原因——在接纳对方情绪的基础上，说出与对方一致的应答。

让我们看看其他几项回应，(1)和(5)都属于解决问题型,(2)属于讲道理型,(3)属于直接否定型。这几种方式的不好之处都在于缺乏情感共鸣。(4)稍微好一点，至少在同一情境下表达了和对方在情绪上的一致性。

其实要注意的是，我们日常生活中的共情和心理咨询中的共情还是有区别的。

首先，对于心理咨询来说，求助人的负面心态可能已经给自身造成了相当严重的困扰，所以我们一定要小心翼翼地去对待，不能轻易否定，也不能开玩笑。而我们日常生活中的负面感觉只是因为需要释放一下而已，如果只是跟他开开玩笑，陪他一起宣泄，效果肯定会更好。

其次，心理医生不可以是求助者的朋友，所以心理医生可以表达对求助者情绪的理解，但不可表现自己也有同样的情绪。而朋友角色就不受这条规矩的约束，作为朋友可以提供的恰恰就是这种我跟你感同身受的痛快。

2. 共情是人类的天性

中国有句古话叫"人之初，性本善"。在我们人类的天性里，实际上早就存在共情这个东西，但是这种天性的东西往往被我们忽略。共情其实可以称得上整个人类文明的基石，可以帮助人类有效地分工合作，并且维持公平，促进道德的弘扬和发展。

想想那些群居的动物，它们无法用语言沟通，但是它们却能通过整体内部的协调运作维护群体的安全。其实很多动物都有共情能力，共情的生物学基础早在一亿年前就已经具备了，又经过漫长的发展才呈现出今天的样子。

再想想那些在战争中的士兵回归正常的生活后为什么还需要大量的心理治疗？因为即便是在战场上，看到敌方的军人战死，他们也会感到无比痛苦，产生严重的心理创伤。这就是共情在发挥作用，由于共情的天性，人类会为同类的伤亡感到痛苦。

从整个人类物种演化的角度来看，人类只有两种驱动力：贪婪和恐惧。但是从每一个人类的个体来看，我们实际行动的驱动力却是和共情相关的，我们演化出共情和帮助别人的天性，实际上是一种社会生存法则，是为了让自己获得更多的好处。因为自己帮助的亲人和伙伴也会在将来以同样的方式帮助我们，这种互帮互助久而久之，对整个物种是有利的，共情的天赋也就这样被保留了下来。

首先，共情有利于合作的进行。

共情可以让我们知道别人的需求，学会给别人公平，有利于合作的进行。现在的人类已经成为高度社会化的动物，我们极度依赖社会，几乎没有人能够脱离社会而独立生存，所以为了生存，我们必须融入社会，与他人协作从而创造更多的价值。

合作比单打独斗带来的收益更高，这是社会性动物的生存哲学。

其次，共情有利于公平。

有句话叫"不患寡而患不均"，就是说在合作过程中，会产生利益分配问题，最害怕分配不均、引起矛盾。因为总有人希望自己得到更多，如果看到自己那份比别人少就会心生怨恨，从而不愿意再合作。

最后，共情会为我们带来道德感。

与公平类似，我们的道德感也是共情带来的。每个人都应该有一套属于自己的伦理规范，我们要利用它对待别人、约束自己，如果有人做了一些违背伦理规范的事情，我们就会觉得反感。当自己的行为没有伦理规范时，我们就会觉得羞愧、害怕和自责。

反之，人类也可能会因为共情能力对别人造成更多的伤害，人类可能会对同类最残忍。因为最了解人类的是人类自己。他们知道怎么折磨别人会使其更痛苦，因为他们可以对别人的想法和感受有所体会，想要知道怎样让别人痛苦就要先对别人的痛苦有共情能力。

第二章 共情的意义

电影中常常有这样的情节,就是如果反派想逼迫别人做什么事,就会威胁对方杀掉其亲人。因为他知道对方更加在乎什么,失去什么会更痛苦。

第二节 道德移情更适用于普通人

在谈到共情的意义时,不得不提到20世纪80年代的美国心理学家霍夫曼(M.L.Hoffman),他研究道德移情及其功能实际上就是在探讨共情的作用和意义。罗杰斯在探究共情时,认为其基本含义就是把自身投射到他人的心理活动中去,并且让他们分享自己的情绪,这是在心理活动方面跟随他人的一种能力,而不管他人情感之性质正常与否及其强烈程度,这是从事心理咨询和治疗工作所特别需要的一种心理品质。

霍夫曼则从个体情感发展以及它作用于个体使之产生具有道德意义的行为动机的角度,去探讨移情问题。这样的移情就是道德性移情,这样产生的情感,霍夫曼称为移情性道德感(Empathic Moral affect)。他的研究更加适用于正常的普通人。

1. 道德移情发展的四个阶段

根据霍夫曼的研究，道德移情与个体移情性情感唤起的发展有关，还与个体对他人的认知能力的发展有关。比方说，一个婴儿刚出生的时候听到其他婴儿哭叫声后会跟着他们哭叫，但这称不上有什么道德意义。但是，随着年龄的增加，通过对语言的广泛使用和设身处地为他人思考的活动，一个人的移情性情感会被唤起；这时候，这种道德移情就已经具有了道德意义。

因此，在每个人的成长过程中，道德移情是有其发展阶段的，每个阶段水平是不同的。

第一阶段是普遍性移情（Globle Empathy）。在个体出生后的第一年，婴儿期的人类都处于这一阶段，婴儿还不能分清自己和别人的边界。

第二阶段是自我中心移情（Egocentric Empathy）。当幼儿成长到两岁左右，能够区分自我和他人，以前那种普遍性的移情就会发生变化。

当幼儿意识到他人的存在，他便知道这是他人遭到了不幸而不是自己遭到不幸。但是这时候的幼儿对他人的内部心理状态是不清楚的，以为和自己的是一样的。比如，一个一岁半的小朋友看到同伴哭泣时，会拖着自己的妈妈去安慰他，但是其实他的同伴的妈妈也在身边。

第三阶段是对他人情感的移情（Empathy for Another's Feeling）。

这一阶段通常在幼儿的 2~3 岁。这一阶段的幼儿会对他人的真实情感作出反应,会用语言表达出日益复杂的情绪。有自己的需要,有自己的对事物的不同理解。

这时候即便遭遇不幸的幼儿不在现场,只要听到一些信息,也能够唤起别的幼儿对他的移情。这就是说,幼儿在这一时期已经能够区分开别人的痛苦和自己的痛苦,即便没有亲眼看到,亲身感受到,但是已经能够通过语言等信息感知别人的痛苦而非自己的痛苦。

第四阶段是对他人生活状况的移情(Empathy for Another's Life Conditior)。当个体进入童年晚期会认识到自己和他人各自的生活背景不同、个性不同,从而跳脱出当前的情境,以更加广阔的生活经历和更加多元的视角来看待他人所感受的愉悦和痛苦等情绪。

这时候,个体不仅可以对他人当前的不幸事件做出一种移情的反应,而且当个体意识到这种不幸事件是长久存在的时候,这种移情的反应还可能会逐渐地变得更加坚定起来。比方说,当少年看到独居的老人会心生怜悯,这是短暂的移情。当他意识到这是老人一个长期的困境时,就可能会产生改变这种现状的想法,会主动去成立志愿者组织,去帮助这些孤寡老人。

到达第四阶段的时候,道德移情会给我们人类尤其是青少年提供一种促进其道德和思想理念发展并形成某种行为倾向的动力基础。

2. 道德移情的功能

从更广泛的意义上来讲，其实霍夫曼所指的这种道德移情就是我们所要讲的一种共情。只不过霍夫曼更加注重于这种共情对道德发展的影响。

首先，道德移情影响道德价值（观）取向。道德移情的发展使得一个人能够更好地去关注引发其他人的情绪和心理状态的各种因素和线索，注意到其他人情绪和心理的发生、变化，能够让一个人更好地感受和了解到他人真正的生活状态，并且更好地领会这种状态与其他人情感之间的种种关联。这些共情行为往往使得个体在社会中形成强烈的心理倾向，那就是保障和维护别人的合法权益。或者，使个人必须帮助那些不幸的人走出困境，或者让处在心理压抑境况的人得到安慰。这就是道德移情对人的影响。

当一个人对别人的苦难感同身受的时候，才会有进一步的改变和帮助的想法出现。有句话叫"哪里有压迫，哪里就有反抗"。正是因为对压迫的共情反应，才让那些个体团结起来，为自己和他人的共同权益作斗争。

其次，道德移情会影响道德判断。道德判断主要是指面对在权利、义务、情感诸方面有矛盾冲突的道德问题时，一个人会作出何种价值判断。

道德移情及其发展会使一个人对人们的权益受到侵犯或对人们不愿履行义务深感不平和愤慨，也会使一个人对他人的不幸处境和身

心痛苦产生发自内心的同情，甚至因不能为之解困而内疚自责，这时"设身处地""将心比心"就会使一个人意识中与当前问题有关的道德准则更为凸显和活跃，随之就更有可能把它作为在思考道德问题时的重要依据，并最终得出相应的道德判断。

这就是为什么我们在看书或者电影的时候，看到作品中那些被伤害的人和事件，虽然他们与我们本身的生活无关，但是我们依然期望造成这些伤害的人能受到惩罚的原因。因为我们能从受害者那里共情到他们的痛苦和悲伤，从而想到如果这种痛苦发生在自己身上该怎么办。我们以此会判断凶手是不好的，这种伤害行为是不对的，从而形成一套自己的道德准则。

最后，道德移情影响道德行为。道德行为是人在一定的道德认识指引下、在一定的道德情感激励下表现出来的具有道德意义的具体行为。

在电影中，我们常常能看到这样的桥段：起先，主人公是个冷漠的人，他之所以改变是从道德移情开始的。就是突然有一个苦难降临到他的身上，他感受到了受害者的痛苦，所以才作出改变的决定。

这里需要特别注意的是，个体的道德移情发展只有在达到第三个阶段和第四个阶段，即当我们已经形成了"对他人的情感"和"对他人生活状况"的移情能力时，才会对一个人的道德各个方面发展产生上述的影响。

而普遍性移情和自我中心移情阶段也是一个个体道德移情发展过程中必不可少的阶段,所以要给予充分的关注。"三岁看小,七岁看老"所阐释的正是这样的道理。

第三节 原来共情商也是男女有别的

我们测过智商,殊不知还可以测测共情商呢。而且经研究发现,男人和女人的共情商是不在一个水平线上的。

1. 测测你的共情商是多少

1956年,英国知名的心理临床精神心理学家西蒙·巴伦·科恩在他的临床研究论文《恶的科学:论共情与残酷行为的起源》中首次明确提出共情商的概念(只涉及成人版)。来测测你的共情商有多少吧。

下面是一系列陈述,请仔细阅读每一项陈述,并根据你对它的认可或反对程度在选项后面打勾。选项没有正确或错误之分,问题中也没有圈套。每一项都对应四个应答:"强烈同意""有点同意""有点反对""强烈反对"。

(1)我能轻易看出别人是否想加入对话。

(2)我觉得,自己很难向别人解释我能轻易理解的事情,除非他

第二章 共情的意义

们一点就明。

（3）我很喜欢关心别人。

（4）我不是很明白在社交场合该做什么。

（5）常有人说我在讨论中过分坚持自己的观点，以至于让人反感。

（6）对于约会迟到这件事，我并不太在意。

（7）交朋友和谈恋爱都太难了，我还是不要费这个心思了。

（8）我常常难以判断某人是粗鲁还是礼貌。

（9）在对话中，我倾向于专注自己的想法，而不是考虑听我说话的人可能在想什么。

（10）我小时候很喜欢把蠕虫切开并观察结果。

（11）我能迅速听出别人的言下之意。

（12）我很难弄懂为什么别人会对有些事情特别生气。

（13）我很容易设想别人的立场。

（14）我很善于预测别人的感受。

（15）我能很快发现团体中的某人是否觉得尴尬或者不适。

（16）如果我说的话冒犯了别人，我认为那是他们的错，不是我的。

（17）如果别人问我喜不喜欢他们的发型，我会照实回答，就算不喜欢也会直说。

（18）我有时候不明白为什么有人会被一句话冒犯。

（19）看见别人哭，我的内心没有多少反应。

（20）我非常直言不讳，有人说我粗鲁，但我不是故意的。

（21）我不觉得在社交场合会使人困惑。

（22）别人告诉我说，我很善于体察他们的感受和想法。

（23）和别人说话时，我倾向于谈论他们的体验，而不是我的。

（24）我在看见动物受苦时会感到难受。

（25）我在决策时能够不受其他人感受的影响。

（26）我轻易就能看出别人认为我说的话是有趣还是无聊。

（27）我在新闻上看到别人受难时会觉得难过。

（28）朋友们常会向我倾诉他们的烦恼，他们都说我善解人意。

（29）我能感觉到自己有没有侵入别人的领域，就算对方没有明说。

（30）有时候别人会对我说，我捉弄人的手段太过分了。

（31）别人总是说我不够敏感，可我常常不明白为什么。

（32）在群体中看见一个陌生人时，我会认为融入群体是他的责任。

（33）我在看电影时一般不会有投入情绪这种情况。

（34）我能快速地、不假思索地体会到别人的感受。

（35）我能轻易推测出别人想说的话。

（36）我能看出别人在掩饰自己的真实情绪。

（37）我不用刻意琢磨就能体察到社交场合的规则。

（38）我很擅长预测别人会怎么做。

（39）朋友遇到麻烦时，我的情绪也会卷入。

（40）我能轻易领会别人的观点，即使我并不同意他们。

这40道选项题的打勾完成之后，让我们来计算一下你的共情商总分。在以下这些项目中，如果你回答了"强烈同意"就打2分，如果回答"有点同意"就打1分。

（1）（3）（11）（13）（14）（15）（21）（22）（24）（26）（27）（28）（29）（34）（35）（36）（37）（38）（39）（40）

在以下这些选项中，如果你回答了"强烈反对"就打2分，回答了"有点反对"就打1分。

（2）（4）（5）（6）（7）（8）（9）（10）（12）（16）（17）（18）（19）（20）（23）（25）（30）（31）（32）（33）

将所有题目的分数相加，就能得出你的共情商总分。

如何分析你的共情商分数？

0~32分 = 低数值范围（多数阿斯伯格综合征或高功能自闭症患者的得分都在20分左右）

33~52分 = 平均值范围（多数女性的分数在47分左右，多数男性的分数在42分左右）

53~63分 = 高于平均值范围

64~79分 = 很高范围

80分 = 最高

2. "女人是感性动物"是有科学依据的

根据心理学家们的研究，在上述共情商的测试中，就平均值来讲，男性的共情商值要低于女性的共情商值。其实，抛开数据不谈，我们也早已意识到，和男性相比，女性更富同情心，更能共情。

此外，在其他很多与共情相关的行为上，研究者们也发现了明显的不同性别行为偏差。例如，不管是孩子还是成人，女性都能够较好地准确分辨和掌握类似解码这些非理性言语的历史线索。所以说女人是感性动物。

男性与女性的共情为何有差异呢？

首先，社会化过程是导致共情性别差异的最直接原因。比如，在一个家庭当中，父母及其家庭成员都会对于男孩和女孩有不同的期望。父母往往比较期待自己的女儿能够拥有善良、关爱他人等与共情活动有关的品德特质，会更多地将这种品德信念传递给自己的女儿。一般而言，父母给予子女的教育方式、交流风格都是导致共情性别偏差的主要家庭因素。

即便是我们已经走出了家庭，在更加宽敞广阔的社会中，男性和女性在各种人际交往关系中的质和量两个层面也都有着显著的差异，这一点也是共情性别差异逐渐形成的重要社会化影响因素。总而言之，社会规范更需要女性共情。

其次，就心理加工特点来讲，男性和女性的表现是不同的。就拿对疼痛的感知来讲，女性就更加敏感。个人对疼痛感有比较低的阈限

第二章 共情的意义

就会导致对他人的疼痛有着比较强烈的感受。

许多研究均已经指出,妇女拥有较高的人际敏感度。例如,女性在由脸、身心和声音所能够表达的非语言线索来完成判断的任务上,其判断具有比其他男性更高的准确性。

再次,男女的共情差异是由男女不同的生理基础决定的。大量研究指出,男性和女性在内分泌、脑电和皮层功能等多方面的数据都存在差异,这些差异可能是共情性别差异的生理基础因素。共情的发生和维持都和激素有着密切的关系。大量的研究都表明,女性的催产素水平明显地高于男性,这也将导致与男性相比,女性会有更强的共情反应。

最后,共情的性别差异可以追溯到物种演化机制。从演化的视角来看,女性之所以具有共情优势主要是因为共情的特质更加适于女性演化过程中的基本原型。总体而言,男性往往与家庭和社会相联系,而女性则加强自己的家庭成员内部的人际交流。这种分工,塑造了男性和女性不同的性别原型。

共情本身起源于母婴之间的情感联系(affective bonding)。在人类和动物的进化中,雌性均被认为是幼崽的主要照料者,演化过程中的选择压力也就决定了女性的共情优势。

总之,演化出来的社会压力塑造了现代女性在家庭生活中的"养育者"这个角色,在家庭外也塑造了现代女性"联系人"这个角色,这都必然要求家庭中的妇女更加有一种共情。

第三章 好的人际关系离不开共情

第一节　共情能力强的人有什么特点

电视连续剧《小欢喜》里面有个妈妈叫宋倩，她把自己的女儿英子当作是人生的全部，为了自己的女儿她宁愿放弃一切，把自己的所有都留给了她。为了让自己的女儿在成长过程中拥有一个更好的未来，她会努力作出各种贡献，但是她的女儿并不开心，对她的付出不仅没有什么感激，反而背负了极大的精神压力。英子居然想跳河自杀。

在一段亲子关系中，父母常常打着"我这是为你好"的口号来代替孩子做决定。背后的潜台词是，父母不够信任孩子，总是觉得自己的孩子没有思想，不成熟，不理性。比如，替孩子选专业，替孩子相亲，甚至做什么工作都替孩子想好了，等等。把孩子往道上引，却从来不问孩子真正需要的是什么。

这种以爱之名捆绑孩子，限制其自由和发展的父母最终会致使孩子反叛和情绪压抑，是因为孩子的想法长期被忽略，或者不被理解。

这都是父母共情能力不强的表现。

在我们周围，常常能遇到一些相处起来让人不舒服，或者相处起来更让人愉悦的人，仔细回想一下你就会发现，那些不会共情的人是不会让你感到心情愉悦的。你更喜欢跟那些善解人意、共情能力强的人做朋友。

那么，共情能力强的人有哪些特点呢？

1. 认识与理解是具有共情能力的前提

这里说的认识与理解并不仅仅指单一的、肤浅的、具有强烈主观意愿的认识与理解，而是一个人在基于足够的信息准备、客观的分析以及感同身受的情况下，对自己的处境所作出的更全面、更深刻、不带任何评判和偏见的认识与理解。

真正作到认识与理解很困难。因为人都是自恋的动物，人们容易局限在自己的经验世界里，人们都希望自己说的是对的，更加注意自己的真实感受，而并非他人的真实感受，所以我们要摆脱自恋的桎梏，设身处地从别人的角度和观点出发去思考问题，去共情。这是一件很有挑战性的事情。

就拿一个简单的"孩子向妈妈告状"这件事情来说，很多妈妈的反应都不一定能作到理解，那就更不用说共情了。

如果孩子说"阿姨家的孩子他骗我了，说好写完作业来和我玩，现在还没来呢"。这时候妈妈该如何反应好一些呢？

"你自己不会玩啊？"这是典型的情感冷漠、粗暴型回应。看似

回应了孩子，实际是给已经失望的孩子增加了打击，弄巧成拙，不如不回应，只会加深孩子难受的程度。

"小孩子有啥骗不骗的，人家可能有事儿过不来。"这是解释型回应，有理解的味道了。说明家长能够给予解释，算是对孩子的想法有了一些理解。

"是呢，他现在还没来。你觉得很失望是吗？你感到有些孤单吧？"这才是能理解孩子的家长的说法。遇到别人陷入困境的情况，是发挥共情作用最佳的时候，理解对方也是较好的应对方式。

第一章我们讲到，罗杰斯定义"共情是指体验求助者内心世界的能力"。这里的关键词是"体验"，体验只能是针对情绪、情感的，也就是体验者如同感受到别人的情绪反应，而不是针对"想法"。

这个案例里，共情型妈妈首先体验到孩子失望的情绪，无条件接纳孩子的感受，因为感受永远无对错，体验不能被剥夺与纠正。解释型妈妈急于纠正孩子的想法，这反映了她自己的思维，其实可能是自己的不合适。你以为理解了孩子，然而，真正的理解首先要建立在情感理解的基础上。

理解的含义要广泛得多。"我理解你"并不代表我认同你，只是立场中性而已。理解应是"我可以理性地了解你"。理解首先是中性的，其次想法上产生共振，最后才可能是情绪上的"共鸣"。

《小欢喜》中英子为什么和妈妈的关系闹得那么僵，因为妈妈连理解都做不到。

2. 接纳是另一种共情能力

美国曾经出版过一本名叫《共情的力量》的书，作者亚瑟·乔拉米卡利指出，有共情的思想是不够的，还要坚持有共情的意志和行动。即我们应该将自己的感受与想法转化成真正的行动。接纳这个为实际行动的执行打头阵。

举个例子，一对夫妇为了应对生活中的一些繁杂小事，吵得不可开交。比如，在家务分工这件事情上，很多夫妻都因此吵过架。在争吵的过程中相互伤害的概率有多大？有没有真正解决问题？这些年中国的离婚率一路走高，对于离婚的原因，调查结果却让人哑然失笑。很多人离婚真的只是因为一些小事情。有妻子给出的理由竟然是丈夫上厕所不掀马桶盖。丈夫则不能忍受她为了这点"小事"就大发脾气。双方都对对方接纳不了，最后激化为离婚。

如果夫妻双方先平静下来，深入交流一下，互相理解并接受对方的小毛病，再一起想想解决办法，就不至于闹到离婚的田地。

同理，老板和员工之间同样需要一个理解并接纳然后共情的过程。那些共情能力强的员工更容易受到老板的赏识，进而升职加薪。身边总有这样的同事，一年换过好几个工作，总是在背后说老板的坏话，把自己的不得志都归咎于老板。这就是不能理解和接纳的表现，他看不到老板的高度，不能理解老板的做法，甚至不能接受老板的批评。

3. 关怀式回应：用实际行动达到共情

关怀式回应才是体现一个人具不具备共情能力的最有效指标。如果你做到了前面所讲的理解和接纳，就离共情不远了。但是如果做不到关怀式回应，和对方采取一致的行动，共情效果就会大打折扣。

罗杰斯在《论人的成长》这本书里曾经讲过一个案例。一位妈妈带着一个问题少年去咨询罗杰斯，想要知道她儿子在学校里行为不端的原因。罗杰斯给这位问题少年做过几次咨询之后，认为这位妈妈对孩子的频繁拒绝才是问题所在。这种问题往往很难发觉，所以这位妈妈一直蒙在鼓里，没有意识到自己的问题。

直到这位妈妈主动接受咨询，向罗杰斯大倒苦水，讲述她和丈夫糟糕的关系，以及生活中各种各样的烦心事。在整个过程中，罗杰斯都一直耐心倾听并给予关怀式的回应。

在获得充分的理解之后，这位妈妈和丈夫的关系有了很大的改善，令人惊喜的是，她儿子那些叛逆的行为也越来越少。

其实，人在孤独痛苦的时候，最需要的可能并不是安慰，而是共情。就拿前面那对因为马桶盖就闹离婚的夫妻来说，丈夫不能只看到妻子爱发脾气的一面，而是要先尝试理解，这个家里的家务，比如，刷马桶、擦马桶盖这种事情是妻子在做的。她做这些很辛苦，如果他上厕所不掀马桶盖实际上是对她的不尊重。她生气是有理由的。而对妻子来说，如果能体谅丈夫这样有可能是怕弄脏自己的手或者怕耽误时间，这也是可以接受的。那么在互相理解的前提下，两人再找出共同的解决办法，达成一致的行动就能解决问题。如果能作到理解和接纳，也许丈夫很快就能在行动上回应，表示自己会立刻改掉这个毛病。有时候并不是这个毛病不好改，而是犯毛病的人得不到理解，就很难改变。

总之，一个有共情能力的人至少要具备理解、接纳和关怀式回应这三点。一个真正具有共情能力的人是在用他的耳朵仔细地聆听别人的真实生活和工作经历，真切地用心去体会他人的内心世界，并努力理解他人的内心。

理解他人、与他人产生共鸣不仅能够帮助我们拓宽对生活的感悟，同时也能够帮助我们更好地了解自己，了解自己对他人的经历是如何做出解读的。

在一些社交场合，能够共情的人往往更受欢迎，因为这种共情意味着放下自己的偏见，放下先入为主的看法，以更包容、更开放、更好奇的心态进入关系，从而促使关系向好的方向发展。

第二节 应怎么共情

抛开心理咨询，在生活中，共情对于维系一段关系也是同样重要的。

生活中，我们也常常感受到孤独，我们总感觉自己的父母也好，朋友也罢，总是站在自己的角度思考问题，与我们是不同世界的人。这一点上我们大家都很受伤。但是如果用共情思维来思考，你就会意识到，除了你自己，别人也会有这样的想法。所以，与其在千万人中找寻知音，不如把自己变成别人的知音。学会共情，你会在人与人的相处中，无论是亲情关系、亲子关系、恋人关系、同事关系还是朋友关系中处理得恰当得体。人的社会属性决定了一个人只有处理好了这些林林总总的社会关系才会帮到自己，不断成长，达到心智更加成熟的境地。

1. 学会共情，理解对方真正想要的

我们在一段关系中，有时候处理不好的原因只有一个，就是太自

第三章 好的人际关系离不开共情

恋，没有找到对方情绪的本质。我们以下面这个例子说明，一个以自我为中心的人是怎么毁掉一段感情的。

假如有一天你陪一个女生出门买衣服，她总会不断地询问你哪件更好看。

你的反应可能是：无论她穿什么衣服都好看。实际上，女生并不满意这个回答，心里往往会这么想：问你也是白问！这样就没法建立起更良好的亲密关系。

穿什么更好看？使用共情语言可以这么回答。"各有千秋，穿紫色那件虽然让你看起来更高贵但也有点显老，不是很符合你可爱的美少女气质。红色的又稍微有些扎眼，好似一个圣诞老人，要不我们再转转，或许会发现更适合你的。"

这个案例中的重点是，当女生问你"穿哪件好看"时，并不完全是想从你口中征求到关于哪些衣服好看的答案，这方面她对于自己更为自信，她内心世界中是想展示一个更好的自己给你。你只需要让她明白一点，就是她在你眼中的确可以更好。

买不到衣服本身也不重要，重要的是你们能够继续愉快地逛下去。记住，当别人向你寻求帮助的时候，学会共情是第一步。

2. 使用共情体验他人的情感，接纳他人缺点，注入力量

来看看下面的例子，它告诉我们怎么样在交流中学会体验对方的情感，而不是一味自以为是地想要找到替对方解决问题的办法。

一个女性朋友失恋了，打电话总是找不到她的男朋友，等找到

了又发现他和别人恋爱了。在生活中，我们常常听到这样的控诉和抱怨。如果是你，遇见这种情况，你会怎么安慰这位好朋友？

"你这不算什么，这个世界就是这样，男人都是花心的，很多人都像你一样被伤害，看淡点，想开点！"

这样回答的人总认为现实是害人的，将遇到的一切困难和问题都归结于现实的黑暗人性的缺陷。"我们都败给了现实"这句话的确可以安慰人，但是，这样的观念会让一个人悲观失望，越来越没有勇气面对现实和社会。

虽然这样说是为了安慰自己的朋友，但是从长期来看，这样说可能对朋友的身体和心理健康都是不利的，她可能越来越脆弱，最终你可能会因为她不堪重负而使你失去这个好朋友。

"这有什么的，我以前那个前男友也是这样，我上去就给了他一巴掌。你不能在这种生活中难过，好的女孩子一定要像我这样坚强。"

这个回答是以自己的感受为出发点。这样的回答过于生硬强势，容易使女性朋友心里感到不安，也许她还因为自己深爱前男友而觉得不能彻底地放手呢。可能你觉得她太过软弱，你难以理解，但作为朋友，我们必须接纳朋友的软弱。只从自身立场和经历考虑问题无法提升亲密关系度，甚至可能会弄得更糟。

"别说了，我们现在就去找那个男的说清楚，我一定帮你出这口恶气！"

在现实中，如此仗义不但不会得到朋友的感激，反而可能会卷入朋友的麻烦中。当我们遇到这种情况时，要秉承"助人要使其自助"原则，就是给别人注入心理支持力量，让她更好地解决自己的问题，而不是代替她去解决问题。

3. 把共情的重心放在"情"上，你也能成为情商达人

让我们继续以案例解释，你该如何运用共情技巧帮助别人的同时也维护你和友人之间的关系。

假如你有一位女性朋友正在面对两个男性的激烈追逐，一位高大帅气但却家庭不幸，一位虽然生活富裕但眼光狭窄，朋友不清楚自己到底该选谁，求助于你。你该怎么办？你需要确切告诉她该选哪一个吗？

这时候就需要你跳出个人立场，运用共情来帮助她。

"很多女孩在生活中遇到这种问题都很难作出选择，因为我们很难找到十全十美的人，毕竟脸不能当饭吃，而经济因素也很重要。但我们不可能和金钱生活一辈子，眼光狭窄就有可能使路越走越窄。最近父母也催得紧，再等下去也不是办法，这件事可能真的伤透了你的脑筋，我真的很理解你！"

看出重点在哪里了吗？比起她该选择哪位男士这个问题，你更要关注她正为此苦恼这一事实，她正在为此苦恼，她此刻的情绪问题可能才是你要帮忙解决的问题。至于她想选择哪个，就让她在滔滔不绝的表达后自己找到答案并作决定吧。

总之，如果能够很好地使用共情，就能够有效地打开别人的心扉，让别人表达自己。这样的你肯定会更加受到朋友的喜欢，你们之

间的友谊也会因为你的共情而加深，使你在社会上具有交际魅力。你在别人眼中可能会无限温柔和善解人意。做一个能够海纳百川、博爱包容的人似乎也没有那么难。

但是，需要提醒的是，共情的使用不能过度，太过理解朋友有可能会让朋友对你产生过度依赖，甚至把其他情感投射在你身上。

第三章　好的人际关系离不开共情

第三节　美满婚姻需要共情来经营

常常有人问幸福婚姻的秘诀是什么，从那些典范夫妻的口中，我们总是能得出"理解""包容""互相成就"等这类的关键词，究其本质，不难发现，维系一段高质量的婚姻，秘诀就在于拥有对伴侣的共情力。你是否能够对伴侣的快乐、困惑、痛苦、气愤等情绪的感同身受，是否能真正接纳伴侣的各种坏情绪，是否能和对方平心静气找到一致的解决办法，决定了你们的婚姻幸福指数的高低，也决定了你们能走多远。

曾经有一档热播的综艺节目叫《做家务的男人》，其中袁弘、张歆艺这对夫妻成功圈粉一众网友，很多人评价他们的相处模式堪称当代夫妻模范模式。举个例子，当面对产后焦虑的张歆艺问出"要是因为照顾孩子，我失业了怎么办"的问题时，老公袁弘给出的答案并不是"我养你"，而是"你怎么失业了，你在喂奶，在进行一项伟大的事业"。这就是共情能力高的表现。

1. 共情能力高能增强双方的安全感

在一项由国家信息中心以及有关专家和机构进行的"中国幸福小康指数"之"2020婚姻家庭幸福感调查"（以下简称为"2020婚姻家庭幸福感调查"）中，"沟通、理解的意愿和能力"以85.6%的占比成为对婚姻幸福感影响最大的因素。

这就说明，幸福的婚姻需要共情能力已经越来越成为人们的共识，因为人们对夫妻双方的彼此了解和沟通更加看重。

共情能力，除了善于倾听、深入理解，也包括善于表达。大家都喜欢有共情能力的人，共情能力是处理人际关系的良药，也是良好婚姻爱情的秘诀。更通俗地说，共情能力就是懂得换位思考，愿意并且能够站在对方的角度和立场思考问题。

比如，女人产后本来就很脆弱，因为要面对四面八方的压力，这时候如果妻子从丈夫那里找不到安全感，就很容易出现抑郁的症状。《做家务的男人》节目中，袁弘的做法就让人很暖心，他能接住妻子的情绪，去安慰妻子，让妻子感受到满满的安全感。

2. 平等合作与分工型关系的夫妻更容易共情

近几年，"丧偶式育儿"这个词很流行，是指家庭教育中的一方显著缺失，比如父母中有一方长期不在家，或者父母即便在子女身边，但是却很少有情感上的交流（如早出晚归、父母与子女很难见面、无语言交流等）。

试着想想，如果孩子爸爸一到家就喊累，除了坐在沙发上看手机，就是等着吃饭，把辅导孩子做作业、洗澡和哄睡这些事情都交给妈妈去操办，又怎么指望他对妈妈的辛劳感同身受呢？这种丧偶式育儿的严重后果是不仅会影响孩子们的健康成长，更多地会严重影响正常的婚姻或夫妻关系。疲惫的妈妈总有不堪重负的时候，夫妻双方的感情也会随之降温。

这是一个社会问题，显然也是一个不能共情方面类型的反面例子。

特别要提到的是，全职妈妈、家庭主妇也是非常重要的职业分工，如果这一类女性的辛苦劳作能够得到丈夫和其他家人的支持和理解，她们的价值得到认可，那么这样的家庭幸福指数会更高。

婚姻需要经营，也需要包容与理解。在"2020 婚姻家庭幸福感调查"中，猜疑、冷淡、视对方的付出为应当，在外人面前不给对方面子等，都是婚姻的隐形杀手，是不能共情的典型表现。

3.共情在两性关系中的应用

我们讲了那么多共情的解释和案例，发现实际运用起来并没有想象中的容易。"共情"虽然从字面上理解很简单，就是感受和体验对方，但是放在生活中、放在两性关系中，是需要一定技巧和刻意练习才能掌握的。

让我们试想一下下面这个场景。

这是一个较具代表性的家庭场景，老公由于忙碌的工作往往很晚才回家。他的妻子是一位普通的家庭主妇，长期在这个家庭中与电视机相伴，每日的生活就是做各种家务，晚上还要做好饭等待自己的孩

子放学、老公下班。

有一天，她在家里等老公回来吃饭，可是八点多了，她老公还没有回来，她就打电话给老公，但老公没有接听或者关机了。这时候她开始担心，她先是担心老公的安全，怕是路上发生了什么意外。而她更担心的，是老公在外面有了别的感情，她怕老公离开自己。就这样，她在各种猜测和担心中一直等到12点，老公才回来。

这位妻子该作何反应呢？让我们来看看以下两种方式。

方式一：

老婆：你还知道回来啊？我看你是不想要这个家了。（大声地）

老公：你就知道啰唆，没有我在外面辛苦工作，你靠什么生活得这样舒服啊？（不耐烦地）

想一下接下来会怎样？可能一场家庭战争立刻爆发，双方都不能理解对方，争吵可能演变成互相谩骂攻击，甚至出现家庭暴力。

方式二：

老婆：你怎么才回来啊！我都担心死了，你知道吗？我打你电话没有联系到你，我担心极了，我还以为你出现了什么事情呢？（委屈）

老公：看你傻的，我怎么会有问题呢？因为有些事情我需要处理。（有点内疚）

老婆：我有点受不了，你总是这样，我一个人在家里很孤单，总是担心你有什么事情而我不知道。

老公：我看你是担心我在外面有别的女人吧，我不会的，最近我要把精力放到工作上。（走过来抱着老婆的头）

第三章　好的人际关系离不开共情

老婆：我就是有些担心，我害怕会失去你。（站起来抱着老公）

想想接下来会发生什么？通过方式一与方式二的比较，我们发现，在这种两性关系中，我们必须要表达出自己内心的真正感受才能够达到有效的交流。但是想做到这样并不容易，因为有时候，我们还没有勇气去面对自己真实的内心，也就没有勇气把这些内心感受表达出来给最爱的那个人。

如果我们能突破这一点，我们想要达到的目标就会实现，双方都会更容易被理解和信任。这就是沟通时的共情。

4. 几个小诀窍提升婚姻质量

首先要做的就是懂得倾听。每一个人都有被倾听和被理解的需要，所以在共情中学会如何倾听就显得很重要。共情倾听最主要的要求之一就是倾听者不要以自我为中心，而是要全身心地投入倾诉者的经历中。面对倾诉者要耐心地去倾听他所要表达的意思，因为只有充分地感知他现在的状态和心情，才能更好地站在他的角度上去看待问题，从而实现共情。

夫妻之间最常见的现象就是妻子在一旁唠叨不停，而丈夫却充耳不闻，还有的甚至可能会选择性失聪。这就是丈夫已经失去倾听妻子的耐心了。有时候女人抱怨并不是为了真正让丈夫解决问题，只是为了抒发自己的感情，觉得让自己内心的痛苦和焦虑被丈夫了解就好。可是偏偏男人们的思考方式和女人不同，他们会把这种唠叨当成于事无补的废话，从而不去倾听。

无论什么情况下，如果丈夫还想增强夫妻之间的感情的话，请记

住一点,当妻子唠叨的时候,请关注她的情绪,而不是她口中所说的事实。学会倾听,才能感同身受。

其次是学会复述。当夫妇中一个人不知道该怎么跟伴侣沟通时,复述对方的话是一种最简单有效的方法。丹麦著名心理治疗师伊尔斯桑德在作品《共情沟通》中提到:"复述是个简便易行的方法,但往往能带来不俗的效果。"

将倾听到的东西用自己的语言说出来,其最大的特点就是能改变我们日常习惯的对话节奏,给倾听者和倾诉者协调同步的机会。同时也能让倾听者厘清思路、找出谈话的重点,更能让倾诉者感觉到自己被重视和在意,从而对倾听者更加信任。

最后是懂得尊重。要明白,我们的爱人是这辈子陪我们走到最后的人,因此要作到最大的包容和让步,允许和接受爱人和我们不一样,要学会尊重对方的感情和意愿。不要站在自己的立场和自己的主观评判标准之上去约束和要求我们的爱人。即便是有时候对方向你诉说的是一件看上去微不足道的苦恼事,你也要学着用善意的语言和行为去接住它,而不是一味地嘲笑和讽刺。

一个很典型的例子是,有一个富翁,他有一个漂亮的妻子,他很爱她,也很尊重她。他的资产足可以养活他们好几辈子。但是这位富翁的妻子每天都不辞辛苦地去上班,拿着一份微薄的薪水。别人都很不理解,问这位有钱的丈夫为什么还要妻子去上班,这位丈夫回答说,因为那是她的事业。他对妻子并没有站在自己的立场上加以束缚,而是给她充分的尊重和自由。

第四章 职场达人的共情思维

第一节 共情才是赚钱时最重要的能力

我们在前面的章节中已经认识到，共情在人际关系中发挥着重要作用，不仅作用于你的亲情、友情、亲子关系，还作用于你的婚姻。共情能力能够协助我们保持长久、幸福的婚姻关系。同样，在商场，在职场，当你拥有强共情能力的时候，不仅能比别人赚到更多钱，而且更容易获得职场升迁。

大家都希望在短时间内发财，可是真正达到自己财富目标的人并不多。那些发财的人为什么具有赚钱能力呢？一个很重要的原因是他们具有共情能力。在这个物欲横流的时代，单单满足人们的需求是不够的，还需要我们具有共情能力，让客户有一种被理解和怦然心动的感觉。

不信看看那些商界大佬，如微信之父张小龙说："每个产品经理都要有'小白思维'，就是要有把自己切换到用户的角度去思考问题的能力。"他还说，他从专家的思维切换到小白思维需要10分钟；马

第四章 职场达人的共情思维

化腾更厉害，他只需要1分钟；而最厉害的是乔布斯，他可以随时自由地来回切换。

具有张小龙所说的"小白思维"其实也就是具有我们所说的共情的能力，就是站在用户亦即客户的角度看问题，设身处地为他们着想。

1. 现代人普遍缺乏共情能力

前面我们讲到，其实人类从出生那一刻起就普遍性具备一种共情能力。可是当我们成人，尤其处在现代这种环境之下，共情能力反而不足了，是什么原因造成的呢？

首先是因为，我们多数人的成长是在一种家长集权的模式下进行的，这种教养方式是压制情绪的。举个例子，当小孩子哭的时候，很多家长是这样教育的："你再哭妈妈就不喜欢你了！""你再哭妈妈就把你扔掉！""你再哭就叫大灰狼把你抓走！"采用的是一种极端恐吓的方式，让小孩的情绪没有释放出来，因为害怕被扔掉，害怕被大灰狼抓走，他们把自己的情绪压抑下去，不敢哭了。

在这种教育方式下，我们就学会了压抑自己的情绪和感受来讨好家长。慢慢地，我们也就和自己的情绪、感受失去了连接。

当我们都不知道自己的情绪和感受，把自己的情绪和感受隐藏起来不能释放的时候，我们又怎么能体会他人的情绪和感受呢？

其次是我们多数人所受的教育，不是"人"的教育，而是一种"智力"的教育。我们所有的努力不是去学会如何做一个真正的人，

而是如何去取得高分，如何功成名就。我们因此忽略了人格的培养，忽略了人际关系的培养，忽略了感受力的培养。

至今，我们很多的学校在评判一名学生的时候，仍然是以学习成绩为第一位的。学校成了训练个人应对考试的基地，学生都变成了学习机器。那些语言智能和逻辑数学智能好的、学习好的孩子，才被称为好孩子。

为了达到这一标准，孩子们被迫或者主动地把主要精力放在学习知识、应付考试上，对于人际关系、社交能力、体育素质、音乐素养等这些能力，很少或者无暇顾及，共情能力也就被无情忽略了。

还有一个原因是互联网让现代人的联系更加广泛却也更加疏离。试想一下，我们现在的生活中有多少项目是在网上进行的？连谈恋爱这种需要非常亲密的事情都有专门的恋爱网站为你解决。再看看疫情期间的网课，全世界的大、中、小学生通过网络和老师交流学习。当这个小孩在电脑前打瞌睡或者玩游戏的时候，网络那头的老师是不会感觉到学生的异样的。

当两个人在网上谈恋爱的时候，女孩说"我肚子疼"，网络那头的男生给的答复很可能是"多喝点热水"，他是不能及时给予女孩恰切的回应的。那就等着这段关系结束吧。

网络表面看起来让我们的社交生活更加丰富，实际上却阻断了我们在交往过程中最重要的共情的路径，我们不能对着电脑感同身受，不能对着电脑给予灵魂的回应，不能对着电脑采取一致行动。还有什么比这更让人沮丧的？

2. 四步找回共情能力

共情可是我们与生俱来的能力，丢掉未免太可惜，还指着共情力帮助我们实现财富自由呢。让我们想想办法，找回这种能力也不是不可能的，只要掌握以下四个步骤。

一是和客户或者用户保持零距离接触。有没有发现，大多数公司的老板是做业务出身的，但你不要以为，他们是因为在做业务时积累了大量的人脉，才练就的与人交往的能力，从而取得了成功。

其实更深层次的原因是，他们在做业务的时候，和客户是零距离接触的，这让他们有更多机会了解和洞察到客户的真正需求是什么。他们能够共情客户真正想要的，所以才为创业创造了机遇。

就拿马云来讲，当年他创办了一个翻译社，而他为了补贴翻译社，自己曾倒卖过服装、礼品等商品。这样的一段经历与他后来选择做电子商务类网站而不做其他业务有很大的关系。因为他也当过商人，对商人的行当有零距离的接触，太了解商人的不容易以及他们最需要的是什么了。

所以，马云的成功与他的共情能力有很大的关系。

二是切忌闭门造车。有一个朋友，他在一座城市的江边盘下了一个会所，准备拿来打造一个休闲酒吧。而他本人是"85后"，喜欢海贼王，于是就把酒吧装修成了海贼王的风格。结果，没开几个月就经营不下去，准备换风格了。

为何？因为他只是从自己的角度出发，而没有从顾客的角度出发，没有了解去江边休闲的人更喜欢的风格是什么。

所以，在培养自己的共情能力时切忌闭门造车，切忌没有做市场调察就行动。

三是穿别人的鞋走路。什么意思呢？让我们来看看一个开发婴儿车的案例。我们通常见到的婴儿车是那种比较矮的，而且婴儿坐上去是背对着妈妈的，婴儿的感觉总是冲锋在最前面，没有什么安全感。

起初，人们并没有注意到这些问题，直到研发团队派一个大人坐在婴儿车里体验了两个星期之后才发现，原来婴儿坐在这种传统的婴儿车里有多不开心。因为，那个坐婴儿车的大人提到三点感受：第一点是不开心，总是看到别人的屁股；第二点是很生气，因为看不到妈妈的脸；第三点是感觉不安全，因为每次都冲在最前面。

正是因为感受到了婴儿的体验，所以研发团队开发出那种高档的婴儿车，是比较高的，而且婴儿和妈妈是面对面的，车的轮子也比较大，坐着更舒服。这种高档婴儿车卖到五千元甚至上万元，依然受到很多家庭的追捧。

这就是为什么要穿上别人的鞋走路，因为那样，才能体验到他人的感受。如果不去体验，你永远不知道客户真正的需求是什么。佛教中有个修行方法叫"自他交换"，比"穿别人的鞋走路"更进了一步，麦克·罗奇格西在《能断金刚》中是这样描述"自他交换"的。

首先是学习如何敏锐地观察其他人的爱好与需求。如此一来，你就能够给予他们最向往的事物。

其次是假装在他人的身体之中放进你的心,然后睁开你的眼睛,注视着自己,看一看你(他们)想从你身上获得什么。

接下来这招叫"绳索特技"(ropetrick),它非常适于任何一位企业客户或者企业员工。你只要在某一日走到该名客户的桌边站着即可。假装你手上拎着西部牛仔使用的大套索,然后把大套索扔过去,环绕着你们两人。现在想象,你们两个人合而为一。

这种看起来有点玄乎的"自他交换"其实是一种更深层次的共情。

四是注入情感。这也是我们现在常常讲的要有温度。不管是打造一款产品还是提供一项服务,都要作到了解人性,给人以温暖,能打动人。

举个例子,街边上有两家甜品店,它们是挨在一起的。其中一家店的顾客排队都排到路边了,而另外一家店却冷冷清清。这是为什么呢?

进去一看,生意火爆的小店的装修非常有格调,可以看得出店家对空间的设计是非常用心的。按照老板的话说就是:"满足你对梦想小屋的所有设想。"

原来,这家店的两位老板对旅行和空间设计有很大的热情,在店内的空间设计上花了很多的心思。在经历了好几次的整改和重新装修后才形成了今天的模样。

店家如此用心，消费者怎能不趋之若鹜呢？

如果你想赢得客户的心，就要记住注入真情实感，那时候你的心和客户的心是一致运动的，客户只有体会到你的温暖，才会买单。

第二节 通过共情成为一名有效领导者

网上曾经流传这样一个简短的段子：7楼的夫妻在吵架，女主人哭得很厉害；6楼的夫妻却在烛光晚餐中说着最动人的情话；5楼的女主人在为父亲的离世而悲伤；4楼的一家正在为父亲的生日庆祝。这个世界上不存在什么感同身受，别渴望别人为你的心情买单。

在工作中也是如此，有时由于只看到对方的不支持和无力配合，打心眼儿里厌恶了这种合作，甚至有许多人为此离职。上下级之间更是如此，"屁股决定脑袋"的话已经给共情判处死刑。老板总会觉得做任何事都很轻松，只是下属在偷懒。而下属总会觉得自己的老板想一出是一出。长此以往，彼此不相互怨恨就不错了，还想建立信任、共创共进，简直是痴人说梦！

共情真的有那么难吗？尝试共情是不是时常让你感觉自己在退让和牺牲，让你怀疑这么做值不值当？但请相信，一旦你具备这种能力，你的人生就打开了这一扇大门。

让我们从 2020 年新冠肺炎疫情期间的一件职场裁员的事说起。

1. 不会沟通，共情就是一个大型"翻车现场"

疫情期间，受到整体经济环境影响，很多公司的经营状况都很不好，因而相继推出了裁员计划，也有的公司推出调整相应的工作岗位的计划。这时部门领导都会面临这些问题——该裁掉哪些员工，该怎么跟这些员工面谈。

就拿下面这家公司来讲，这位部门领导是这么做的：首先在调岗对象的选择上，经过慎重考虑，一个对象工作年限比较长，能力可以，但资格老，安于现状，另一个对象工作年限较短，能力一般，但对他言听计从。于是，这位领导最终将调岗对象定为年限较长的员工，而年限短的员工则接手老员工的工作。

这位领导第一步就是和被调岗的对象进行面谈，讲述公司调岗意图，员工表示需要考虑，并未直接同意调岗。

接下来这位领导又马上找另一位员工面谈，表示让这位员工接手被调岗员工的工作，面谈时居高临下，用强压式的沟通方式，并表示不会增加薪资，意思就是"你接也得接，不接也得接"，这令员工内心非常不爽，直接谈崩。

"好尴尬呀！"面谈过后，这位领导意识到，这简直就是大型沟通"翻车"现场。

结果沟通不力直接导致的结果就是：计划调岗的人员没有调岗成功，计划被安排工作的不愿意接手工作。问题出在哪儿呢？聪明的你一定看出来了，最大的问题出在了"共情"上。沟通中没有利用同理心找到共情点，完全忽视沟通对象的感受和行为，因此"翻车"是必然的。

如果这位领导换一种思维方式，就有可能换来截然不同的效果。首先，这位领导要了解员工的真实想法：

为什么调我，不是调其他人？公司是不要我了吗？是我做得不好吗？是我得罪领导了，领导给我穿小鞋吗？

调过去以后做得不好怎么办？不能适应怎么办？

我不愿意接受调岗怎么办？领导会怎么对我？公司会怎么对我？

为什么给我增加工作？为什么增加工作不加薪？

我已经很忙了，领导还强压增加工作量，是要逼我走吗？

为什么不给别人增加工作，就给我增加工作？

增加的工作我不懂，不知道能不能做好，做得多错得多，又没有钱拿，出力不讨好怎么办？

我不喜欢这种工作性质，我不接受会怎么样？

这时候，两个沟通对象的内心都是充满不安与焦虑的，在沟通之前，领导首先要想好的是如何消除他们内心的不安全感，听他们的抱怨、不满、让他们把心里的委屈发泄出来，千万不要指责，更不要和他们抬杠，应该站在中立客观的角度，分析利弊，找出最佳解决办法，从而达到沟通目标。

2. 善良和守信是共情的根本

做一个善良的人，共情沟通才会更加有效。有一篇文章，曾经写

了这样一个故事：宰相刘伯温赶路口渴，要水喝。一女主人知道后给他舀了一瓢水，却在水中撒了一把秕谷皮。这让急于喝到水的刘伯温感到受了捉弄，无奈之下只好一边吹一边慢慢喝。

喝完水之后，这位女主人想请刘伯温帮她看风水，刘伯温想也没想就应付过去，随便给她指了一个地方。

几年后，刘伯温又经过此处，发现女主人家已经相当殷实。他很难理解，就讲起当年他讨水喝时女主人往水中放秕谷皮的事，女主人说："当年我看你赶路着急，又是满头大汗，若是你猛灌来解渴，不仅不能解渴，还可能会生病，因此撒了秕谷皮，让你慢慢地喝水，喘口气。"

听了女主人的话，刘伯温才知道是自己误会了女主人，感叹道："善良之家不用看风水，哪里都是福兴宝地！"

做领导也是一样，善良是根本，只有你打心眼儿里想为员工好，想为公司好，才会有意识去为他们共情，才会有耐心去解决问题。

当然，守信是共情的另一个根本。《周易》中这样讲："积善之家，必有余庆。"就是说一个家庭一定要以善为本，才能吉祥如意，尽享欢乐之福。

失信行为几乎成了扼杀人与人之间相互信任的刽子手。因为这种行为往往具有很强的破坏性和相互传染性，今天你对他人如果不守信用，明天他人就很可能会对你做同样的事情。

更要命的是，这样的恶性循环一旦开始，往往会迅速变质，甚至变本加厉。你对别人失信的也许仅仅是一粒沙，但别人对你失信的也许就是一座城。你失信的对象也许仅仅是一个人，但失信于你的对象也许就是一群人。

很难想象，一个经常失信的领导者怎么可能赢得下属的尊敬与信赖？他又怎么会具有共情能力来处理面对的问题呢？

3. 睿智的领导者会进行共情练习

前面讲到的案例并不是个案，而是很多企业面临的管理问题案例。如果领导者的管理不善，就会引发一系列问题，比如苦心经营、百般呵护却换不来员工与自己一条心，工资不低、福利不少就是留不住人，团队内部经常发生冲突、内耗严重难以化解，团队人多、性子散漫做不出业绩，等等。

约翰·斯坦贝克说过："只有在感觉到自己时，他们才能理解他们。"共情是每个人都能具备的一种沟通能力，特别是当一位领导者能够共情沟通时，他的领导力必将大大提升，前提是他要刻意练习并且掌握这门技巧。

良好的领导力的标志就是身边的人愿意跟你在一起并达到三个境界：别人喜欢你、别人愿意跟你在一起、别人想活成你这个样子。想达到领导力的这三个境界其实也没有那么难，只要掌握以下五项练习。

练习一，成为积极的倾听者。倾听员工是有效领导的第一步，做一名优秀的倾听者的素养是一位领导的必备素养。但是不要把倾听当

作表面动作，这里的倾听是指一定要将对方的话听进心里去，认真理解了，而不是一个耳朵进，另一个耳朵出。

你在倾听的过程中要做到善解人意，从而更有助于你听到员工心声。要知道，员工无论是被动还是主动去找领导的时候，都是带着问题和疑虑去的，需要领导者帮助和引导他们解决问题，而不是一通趾高气扬的宣泄。所以做一个良好的倾听者是有效领导的前提。

练习二，处理你听到的内容，并提出正确的处理方式。这就要求领导要有充分的耐心，在倾听员工的问题之后迅速判断、直指问题核心，能够抓住重点，就事论事，认真思考并给出正确的处理方式。在这个过程中，你可能会听到员工的抱怨，看到员工一味退缩和不自信。这时不要生气也不要批评，集中注意力在问题本身，找出解决问题的办法才是王道。

练习三，寻找根本原因。前面两个步骤会帮助你找到大部分员工问题产生的根源。为了发展成以解决问题提出方案为核心的领袖，这尤其必要。一个对员工可能面临的困难有共情心的领导应被赞赏，他会尽量努力为员工提供具有建设性的解决办法，而不是忽略它们。

某个员工经常迟到，可能不是因为他懒，而是他有病人需要照顾；一个员工和客户沟通不利，跑了单，可能不是因为他没有做到应有的工作，而是客户的要求超出了他的底线。每一位员工遇到的实际情况都是不一样的，就看领导能不能找出问题背后的根本原因，给出行之有效的解决办法。

第四章 职场达人的共情思维

值得注意的是，很多时候员工出现这样那样的问题，往往是由于企业的规章制度出了问题，这时领导要重新审视公司的人力资源管理。

练习四，站在员工角度感知问题。毫无疑问，共情使你能够从处于不利地位的人的角度评估任何情况。这样做绝对不是一件容易的事，但却会产生巨大的积极影响。将自己放在其他人的处境里换位思考问题，可以帮助你获得你原本没有意识到的信息。这能显示出你作为领导者的某种成熟，可以通过共情而实现。

练习五，养成自觉的习惯。最后一点，也可以说是最重要的一点，要认识到在职业生涯中正确使用共情心不是一朝一夕练成的，而是需要你通过自觉、持续的努力去培养习惯。此外，在使用它的关键时刻都必须小心。在努力成为一个善解人意的人时，要克服帮助所有人的冲动，不到迫切的时刻不要轻易采取措施。

第三节　共情思维左右职场表现

职场就是江湖，看似风平浪静，实则暗流涌动。稍有不慎就会丧失晋升机会。共情不仅仅是一项领导者应该具备的能力，就算是身为职场小白的你，也应该尝试习得这种能力，因为它关系到你的职场升迁。如果你想得到领导赏识，得到同事的合作支持，共情能力必不可少。

我们往往在职场上听到这么一句："你能不能站在我的角度考虑一下啊？"这正是共情思维的本质要求。可是，在现实中，要想做到站在对方的角度思考和看问题其实并没有看上去那么容易。

1. 职场矛盾来源于缺乏共情思维

案例一：公司销售部的经理小白因为签了一个很大的客户，正在忙碌地走合同流程。为了避免夜长梦多，小白希望尽快把合同程序走完，因为下周这个客户就要出国，很久才能回来。如果不办完合同，又会搁置很长时间。

第四章 职场达人的共情思维

可两天时间过去了，小白发现合同还在公司的 CFO 那里没有审完，小白接连催了好几次，但还是迟迟没有拿到合同。小白一气之下，不问青红皂白就跑到财务那里大闹了一场。

双方闹得僵持不下，只好由公司高层出面调解。等大家坐下来认真了解情况后，才发现合同推迟的根本原因是财务部发现该合同里面还存在一些支付上的问题和风险，正在与法务部进行沟通和调整。有时候，仅仅是因为双方沟通不畅、不能了解对方的信息，更不可能站在对方的立场想问题，冲突自然而然就会发生。

以上矛盾在职场中很常见，同事之间往往会因为工作而产生矛盾，上下级由于任务的完成情况不好而产生矛盾，部门之间由于协调和配合不顺利而产生矛盾。而这些冲突都是因为双方缺乏共情思维造成的。

案例二：小王说话经常不经过大脑，HR 闲聊时问他一句："最近怎么样啊？"然后他就开始一发不可收拾地抱怨自己在工作中遇到的不如意和同事之间相处的不如意，吐槽领导的处事原则。

此时 HR 已经给小王打了坏的印象分，认为小王是个不能吃苦并且没有团队精神的年轻人，HR 会定期将小王的情况反馈给上司，很显然，会给差评。所以当这一部门裁员时，小王不幸地被裁了。

究其原因，并不是小王的工作能力有问题，而是在和同事还有领导沟通相处的过程中缺乏共情能力，不能处理好和同事、上司的关系，变成了办公室里最招人厌的人。

2. 职场达人养成法

在职场中，我们会和不同的人打交道，还要跟各种客户打交道，冲突是不可避免的。我们要看到其中有消极的冲突，也有积极的冲突。关键的问题是，应当尽量避免那些无谓的冲突。哈佛商学院的一个研究发现，对于冲突的化解或者避免，最佳的思维模式就是共情思维模式。那些在职场中游刃有余的达人都是运用共情思维的高手。在职场上，借用古人的一句话，共情就是"与我心有戚戚焉"。

就拿前面的案例一分析，销售人员与财务人员之间有着不同的立场，销售人员的立场应该是迅速签单，而财务（企业）的立场应该是控制风险。也正是由于大家都只是从自身的角度去思考问题，缺少了共情，纠纷才在所难免。

如果这个时候，两个部门的人从公司整体角度出发，在控制风险的前提下尽快拿下客户，彼此都去考虑对方的立场，进行沟通、协商，那么，这样一场冲突也许会化解。这就是共情的价值，共情是推进工作的润滑剂。

除了公司内部，再来看看品牌。好的品牌是什么？就是会讲故事的品牌。故事能够打动人心，能够和客户共情，客户才愿意为其产品买单。

让我们好好地回忆一下，那些每天都能写出"十万+"阅读量的网络文章，让你立马点击转发到微信朋友圈的一个自媒体，是不是在与你分享个人感受，使你深深地觉得这篇文章本身就是在写你的一种

第四章 职场达人的共情思维

想法、遭遇或者感受。当你发现与其共鸣之后,又会把这篇文章转发出去,让更多的人与你共情。所以人的本质是渴望共情的。

那如何在实践中培养我们的共情思维呢?让我们来看看美国著名心理学研究员 Elliot 博士所给出的五个建议吧。

一是把焦点放在对方关注的利益与需求上。你一定要清醒地认识到什么是对对方有价值的,对方真正想要的是什么。正如前面那个典型的案例,财务部门最为关注的应该是付款风险,而不是收益。

二是深入了解和接受他人的价值观,只有双方的价值观一致,沟通才有达成一致的可能。也就是说,你要与对方达成共情;你在处理事情的时候,一定是在评估这些事情对于对方意味着什么。

记住,共情对方的情绪一定比共情对方的认知来得更有效。认知共情的最终目的还是让你在情绪上感受和接纳对方所体验的。

三是暂时放下你的评判的论调,不要只是为了解决问题而解决问题。当你在遇到对方的这个问题时,你一心地想着去解决,那么你就没有办法与其他人共同体验到对这个问题的真正感受。你可能会错过与他形成同理心的机会。

四是学会聆听对方,这是所有情境下练就共情能力的重要前提。

五是可以适当披露自己,让对方感到你是在敞开心扉和他沟通。

让我们好好思考一下,在你平时的生活和工作中,有没有碰到过一些矛盾,当这些矛盾发生时,如果你采取了共情思维方式去处理,

是不是有所缓解。

3. 共情沟通才是职场捷径

但是,光有共情思维是不够的,在职场上,你不仅要有一颗会体察别人的心,还要有一张能言善辩的嘴。这里讲的能言善辩不是指你有多能说、多会说,而是你在和别人沟通的时候有没有领会到共情的真谛,带着共情去沟通。

沟通的目的是什么?大概所有人的回答都是,当然是希望我的问题能够如我所愿地解决。可是在沟通过程中为什么却事与愿违,其实很大一部分原因也是人人都想如我所愿,因此大家只站在自己的立场上,各抒己见,各执一词,不能达成一致。

一项调研显示,如果为职场沟通从易到难进行打分,大约有66%的人认为职场沟通有难度,只有15%的人认为职场沟通比较简单,调研中选择"职场沟通双方误会或不理解"的选项占比最高,达到了72%。

直白一点说,沟通就是你来我往、双方互动的一种形式,这种形式最直接最实在,哪怕非真心非真诚。美国的石油大王洛克菲勒曾经这样表示,如果人际沟通能力能像咖啡或者糖一样被购买,我一定会不惜一切代价买它。

如此可见沟通的重要性,尤其在职场中,学会与同事和上司沟通,会为你的职场生涯加分。

但是要注意的是,沟通的时候一定要真诚,要真正让对方感到

第四章 职场达人的共情思维

"我就在你身边",不要让对方觉得你假。

来看一个典型案例:小明在某家大型企业任职,是市场销售部一个小小的主管。小明手下有一个特别能干的销售同事叫小华,总是拿销售冠军。

一天,小明看到小华有些郁闷地在发呆,就问怎么回事。小华很不好意思地表示,家里一直都认为自己在公司的销售部门工作不太稳定,并且还对他进行一次次的催婚,而事实上自己目前也没有什么打算,准备再过一两年再行动。

遇到这种问题,小明该怎么回应呢?常见回答是:"不就是催婚吗?不理他们就是了,谁说销售不稳定,你现在不就是销冠吗?先立业再成家不是很正常嘛,他们不理解你哥理解你。"然后拍拍小华的肩膀走了。

这种处理方式看上去好像是共情的,实际对于小华来讲,没有任何实质性的信息获得,只会让他觉得你是在敷衍。

正确的沟通可以是这样的:"催婚还不是出于家长对咱们的关心,他们也是好心,别跟家人搞得太僵了,好好沟通一下,告诉他们你的大致计划,我相信叔叔阿姨肯定能够理解,咱这么上进,好姑娘肯定都在合适的地方等你呢。在很多人眼里,销售工作是不稳定的,你可以先积累一下销售经验,争取往管理层发展,以后如果有合适的编制岗位,我会推荐你去,你看怎么样?"这两种沟通带来的是两种不同的效果。小明不仅仅将小华放到了自己的身边,比如试岗推荐,还用

心地安抚了小华，小华肯定也不愿意忤逆家长，只是找个人倾诉一下而已，也并不是抱怨，小明很有"理由"地让小华放稳了心神，当然这里需特别注意的是，能够许诺那就要将诺言放在心上，而不仅仅是说说而已。

  当然，共情不是滥情也不是怜悯，要注意把握分寸。虽然沟通并非只是简单地语言表达就能实现，简单的一句话表明心迹让对方接受，共情是一项真正征服人心的艺术，也是我们个人事业生涯成功的助推器。学会沟通，学会共情，无疑是一条通往成功的必经之路。

第五章 共情与优秀父母的养成

第一节　最好的教育方式是共情

孩子是父母甜蜜的烦恼。在孩子成长的路上，我们总有太多的担心。孩子小时候，我们担心他们不好好吃饭，不好好睡觉，再长大一点，担心他们和小朋友处不好关系。等上了学，又开始担心他们的学习，怕他们考不上好中学、好大学。等到他们大学毕业，又开始担心他们找不到好工作。

然而仔细反省一下我们会发现，大多数父母这些担心和焦虑其实一直是站在自己的角度和经验上进行的，是以自己的评判和标准去面对孩子的。那孩子到底怎么样？他们到底需要什么？他们的成长到底快不快乐，健不健康？这些实际上不在父母的考虑范围之内。这就是为什么孩子在小时候父母还能驾驭，可是到青春期，很多父母和孩子便成了冤家仇敌似的存在的原因。

归根结底，是我们一直在按照自己的标准要求孩子，如果孩子没有达到我们心中的样子的标准，我们就不能接受。如果为人父母不

第五章 共情与优秀父母的养成

能接纳孩子本来的样子，无疑会是孩子的悲哀，也是父母的悲哀。实际上，因此酿成的惨剧时有发生。无论在什么情况下，父母都应该懂得，接纳是共情的开始，只有接纳孩子，让孩子觉得你值得信任，真正的改变才会发生。

1. 两个鲜明的例子，两种不同的结果

案例一：武汉14岁少年被母亲扇耳光后跳楼自杀。

这是2020年9月17日，疫情之后的那个学期开学之后发生的悲剧。武汉一名初三年级的中学生在学校里被其母亲当众扇耳光后跳楼自杀，虽然已经尽快送医，但是因为伤势过重还是因抢救无效死亡。

孩子跳楼时的监控视频短短4分钟，却让人窒息。视频里的母亲非常生气，火气很大。她怒气冲冲地站在比自己高出一头的儿子面前，不顾走廊上有同学和教师，直接扇了儿子几个耳光，然后用手狠狠地扼住儿子的喉咙，还用手指头直捅他的脑门。直到老师劝阻，才愤愤离去。

母亲离开后，男孩在原地沉默地站了两分钟，并选择了用最激烈的方式"报复"了自己的母亲——爬上栏杆，一个跨步，从5楼纵身一跃。

不敢想象，那位母亲和孩子的家人现在是什么心情，更无法想象这个男孩静静立在护栏旁的那两分钟里，他的脑海中掀起的是怎样的黑色波涛。丢脸、沮丧、愤怒、绝望……这是多少年的疼痛才使得他连死都不怕。

一个 14 岁的青春期少年就这么离开了，留给我们的只有伤痛与教训。做父母的要反思如何才能保护好孩子，以避免这种悲剧的再次发生。很多人说这个孩子没有被父母尊重，这确实是主要原因。

可是，我们有没有看到悲剧背后的本质？其实是这个母亲没有作到接纳孩子。因为不接纳，她才会那么生气。因为不接纳，她才会在大庭广众之下作出那么过激的举动。因为不接纳，她才不会考虑孩子的尊严和感受。

作为一个饱经生活踩躏的中年人，我们时常无法理解，孩子竟然会因为家长的打骂这样一件小事选择纵身跃下。我们会觉得除了生死，一切都是小事，但是小孩子不是的。孩子之所以是孩子，就是因为他们的内心没有成年人那样强大。

在孩子的世界里，很多我们觉得不重要的小事——一次比赛输得一塌糊涂，一次考试退步了十多名，都有可能成为压垮孩子世界的那根稻草。尤其是青春期的孩子，更容易偏激、容易走极端，有时候可能钻了死胡同，就是要争一口气。

因此，我们做父母的不要把自己的豁达强行想象到孩子身上，应该多从孩子的角度和孩子能承受的能力方面来衡量一件事。当孩子犯错时，请不要急着去指责和打骂他。请先换位思考，站在孩子的角度，给他一个解释的机会，聆听一下孩子的心里话。当孩子感受到自己被理解、被接纳、被深爱，这样的悲剧可能也就不会再发生了。

第五章　共情与优秀父母的养成

案例二：厌学的孩子重新背上书包。

这是一位妈妈的真实讲述：每个孩子都有叛逆的时候，我的孩子上初三的时候有段时间就不想上学了，很长时间就是在家打游戏。我想，难道九年义务制教育都进行不下去了吗？我的要求还高吗？

这位妈妈并没有因此就怪罪孩子。因为她听了一位朋友的话：放下那些应该、必须，没有应该、必须，家长就是要接纳孩子原本的样子，他是这样你就必须要接纳他。对于孩子而言，他能接受什么样的教育不是最重要的，家长能与孩子共情才是真谛。

共情是一把最好的钥匙，全身心地、真诚地、无条件地倾听孩子的想法，让他知道自己是被共情和理解的，那么他自己就会找到处理问题的办法，而不需要父母给他提供解决问题的办法。反而有时候父母给予孩子的方法是一种强加，也许并不适合他。

这位妈妈就按照朋友的话做了，给予孩子极大的自由空间，让他自己去想清楚学习是为了谁。后来这个孩子平稳度过了那段厌学的时期，回归了课堂。

孩子就跟鲜花一样，每一朵花都是不一样的，有的花就是梅花，可以在外面经历风霜雨雪；有些花也许就是水仙花，需要温室的环境；有些可能根本就不开花，它或许只是一棵树。其实父母内心对孩子的信心有多大，孩子奔驰的草原就有多宽广。

所有的教育回到内里都是家长与孩子一起成长一起寻找自我认知的过程。然而现实中的焦虑让我们忘记了要接纳孩子这一点。"孩子

学习成绩不好，再这样下去考不上高中啊。"很多家长都有类似的焦虑，但这不是不接纳孩子的理由。

接纳是父母要理解孩子，明白眼前的事实，平心静气地接受。但是接纳不等于认命，不等于妥协。接纳的目的是让孩子看到父母对他的爱和理解、对他的尊重，只有在这个前提下才可能进一步帮助引导孩子前进。没有孩子是不愿意向好发展的，当他们感觉到父母的接纳，才能破除心锁，展翅高飞。

2. 共情是家庭教育的地基

当我们的孩子摔倒在地上或者遇到挫折的时候，我们是如何回应的？我们可能说："没关系，遇到挫折爬起来就没事了，我小时候比你坚强多了。"我们也可能说："多大点事，想开点。"我们还可能说："别担心，像我一样多往正面想，才能更好。"

这类安慰孩子的方法是一种典型的不懂得共情的方法——站在自我的坐标系上，拒绝和孩子发生联系，从而使孩子深深地陷入了孤独的境地，认为自己没有被看到被理解。我们极少有耐心地说："妈妈知道你很难过，给我讲讲发生了什么？咱们来看看能怎么办。"

一些不懂得共情的家长往往缺少对于孩子最起码的尊重和接纳，而这种尊重和接纳才是真正发挥教育作用的利器。共情是基础，它也是家庭教育的地基，地基越坚实，建筑的生态才会更加健康。

对于如何走向共情，心理学上的方法之一就是，直面自身的恐

第五章 共情与优秀父母的养成

惧,让负能量充分地发挥出来,显示它本身应有的价值。

就拿 6 岁前孩子的教育来说吧,一定要接纳孩子身上所谓传统意义上的负能量——攻击性、暴躁、好动。只有在父母爱的呵护下,这种所谓负面能量才能和正面能量汇合,才能共同推动孩子的前行,而不是能量相互抵消。

简单地讲,孩子的负面情绪在家人的关怀下得到了新的转换:我已经开始接收了你的"不好",当你的"不好"被我们亲人看到时,便也就开始发生了一些新的改变,这种"不好"便与"好"的能量汇合,最终我们得到的是一个有活力的孩子。

孩子的独立人格需要用爱来培养,父母要作的便是用共情心去发掘和接纳孩子那个与众不同的内心——你的感受我都明了,你的脆弱我都心疼。

此外,我们往往习惯于用自己的角度看待孩子的故事,但忘记孩子亦有自己的角度。我们要真正放下"我"的角色,作为一个家长要忘记"我"的身份,才能站在孩子的角度思考,并与他们的内心世界同步。

最后讲一个心理学的小故事。苏轼和佛印两人在打坐时,苏轼问:"你看看我像什么啊。"佛印说:"我看你像尊佛。"苏轼听后大笑,对佛印说:"你知道我看你坐在那儿像什么?就活像一堆牛粪。"

苏轼觉得占了便宜,把这件事说给妹妹听以示炫耀。却被苏小妹

鄙视了:"就你这个悟性还参禅呢,参禅的人讲究的是见心见性。你心中有眼中就有。佛印说看你像尊佛,那说明他心中有尊佛;你说佛印像牛粪,想想你心里有什么吧!"

第二节 共情需要耐心、恒心

做父母的都应该学一点儿童心理学，因为首先我们要了解孩子的内心世界，才能对他们的困境做出相应的情感反应，才会对孩子给予更大的包容和理解。在孩子犯错的时候，我们就不会动不动就打骂，而是理解孩子，找到现象背后的本质，最终用爱和理解引导孩子走上自己的道路。

1. 黄圣依是怎么摘掉"黑洞妈妈"的帽子的

黄圣依带大儿子杨安迪参加《妈妈是超人3》后，一度被称为"黑洞妈妈"，因为缺乏长期的陪伴，她并不了解她的儿子，因此无法与孩子共情。

比如以下场景：在地里干活时，安迪不小心摔倒了，沾着泥土的手套沾到了黄圣依的衣服，黄圣依第一反应是去看衣服脏了，而不是去看看儿子。

母子二人回到家后，黄圣依自己先脱掉了外套，并没有管安迪

需不需要脱外套,而这时候安迪已经对着小摄像机悄悄说了好多遍:"好热呀!"而此时黄圣依想让安迪关注的是自己为他准备的一大堆零食,但这些零食中没有安迪爱吃的。

当安迪被工作人员喷了满脸的礼花,他看起来很难受,就跟妈妈说:"脸上有东西,脏。"但是黄圣依没有发现安迪有对礼花的不舒服或是过敏,而是安抚他:"没关系,马上就好了。"

安迪下车的时候,手受伤了,叫了一句"哎呀,我的手",黄圣依没有关注到,只是在问安迪"你累不累"。

在节目中我们常看到安迪不听从妈妈的决定,一直抗拒她、和她唱反调、不乖乖地配合。其实这都是因为安迪的需要和情绪一直被妈妈忽略,自然亲子关系就很不理想。

同样还是黄圣依,她并没有因此放弃努力,当她意识到自己对孩子有多不了解时,开始转变自己,把关注点放在孩子身上,很快母子两人的关系就发生了可喜的变化。来看看黄圣依的转变吧。

在另一期节目里,黄圣依要带安迪去看她以前上过的小学,以便让即将步入小学的安迪熟悉一下学校的环境氛围,因为她希望安迪在没有开始上小学之前先对上学是什么样有一个概念,对小学和幼儿园的区别有一个初步认识,避免他对未知生活担心。

在参观学校的过程中,黄圣依和安迪碰到一群小朋友在打篮球。于是,他们也加入了,一起玩。结果,安迪因为人太矮,球一直投不进去。于是,他泄气了,说自己不想玩这个游戏,这个游戏一点也不好玩。

但妈妈黄圣依没有放弃。最后，妈妈想出了一个办法，就是抱着安迪投篮。安迪都这么大了，看这样子就知道有些分量。但，妈妈二话没说就抱起了安迪。这样不好投，就换个姿势再投。终于，安迪投进去了。妈妈笑得比安迪都要开心。安迪也因此重拾起了对篮球的兴趣。

我们看到黄圣依真的不再是刚开始的"黑洞妈妈"了。当她想到安迪并不是真的不想玩篮球，而是怕受到投不进的挫折，她改变了应对孩子的方式，让孩子突破心理那道防线，变得更有自信。

她开始注重安迪内心的真正想法。她给安迪讲故事，跟安迪谈心，用行动证明她说的话："你需要的时候，我就会出现。"不知不觉，我们的小安迪也愿意主动靠近妈妈了。

孩子也是非常好"收买"的，只要你对他付出真心，他也会对你付出真心。这就是共情。

2. 共情对每一对父母都很重要

首先，共情改变了我们养育孩子的方式。

比方说，3岁左右的孩子大都有一个完美敏感期，是怎么回事呢？就是凡事都追求一个完整性，特别是在"吃"这件事情上，这个阶段的幼儿非常在意手中的食物是否像他们心目中一样完整、美好。倘若此刻，妈妈因为害怕孩子吃不完而把完整的苹果切一半给他，他很有可能大哭大闹，非要拿一个完整的。

如果父母不了解孩子正处在完美敏感期,很有可能认为这是孩子的无理取闹,而把孩子教训一顿,这样不仅不能满足孩子的心理需求,还会破坏本应和谐的亲子关系。

这就是认知层面的理解、包容、共情。当我们对孩子的每一时期都有充分的了解和准备时,就会理解孩子的很多行为,从而作出积极的回应。这对孩子来讲是非常重要的。

其次,共情会显著地影响亲子间的依恋关系。

健康的亲子依恋关系建立在父母对孩子充分的理解基础上,这对于孩子的情感以及心理健康而言是非常重要的。这是因为安全的依恋关系会包含对于孩子的保护、关心。

健康的亲子关系可以从以下几个方面来评价:情绪较为稳定;孩子能敏感地察觉到别人的需要;健康的自尊心;学习动机;同龄人当中的受欢迎程度;家长能够较好地调节孩子童年以及青春期的情绪;青少年时期更好的生活满意度;尝试自杀的可能性较低;焦虑程度较低;参与犯罪活动的可能性较低;显著较少地吸毒与酗酒。

而缺乏共情的家庭,孩子可能会出现以下问题:

处于愤怒、蔑视的情绪中,喜欢做出挑衅行为;自尊较低;避免情感上的亲密关系;焦虑程度较高;形成药物滥用;难以信任其他人。这些行为都是家长应该及时预防和避免的。

最后,共情会引导我们教育孩子的方式。当我们用愤怒、用严厉的方式来处罚自己孩子犯下的一些所谓错误时,孩子早晚也会以愤怒、挑衅的行为以及恶劣的情绪去处理他们日后可能遇到的各种问题。这会使孩子更容易变得焦虑以及抑郁。

只有父母表现出同理心，和孩子共情，孩子才能学会共情。不幸的是，很多父母都没有意识到这一点，原因很简单，在父母接受教育的过程中，在那个成长的年代里，没有人向他们展示过同理心，所以他们内心没有得到足够的成长。

"我们对自己如此严苛，以防止我们的孩子变得和我们一样。"这是心理学家以及家庭治疗师劳伦斯·科恩的原话。所以，培养一个有同理心、有共情能力的孩子，要从父母自身做起。

3. 共情是一个持续成长的过程

对于很多家长来讲，"共情"是一个很陌生的词语，能做到共情的父母就更少了。对于父母来讲，培养出身心健康而优秀的孩子、学会共情是一个需要持续成长的过程，并不能一蹴而就。

曾经有一个小男孩从小就很喜欢各式美丽的娃娃，尤其是芭比娃娃。这种表现使周围的每个人都觉得特别奇异，小男孩遭到老师和同学们的取笑和孤立，悲痛而又愤怒。

只有他的母亲没有去否定他，在细心地观察、了解和沟通后，发现他执着于精美的芭比娃娃是因为喜欢娃娃们身上的服饰，他不敢让同学瞧见他辛苦收藏的数百个娃娃，以及他亲手为娃娃缝制的漂亮衣裳。母亲就这样发掘到了他对服饰拥有着独特的审美和兴趣。

后来，这位母亲有计划地培育他走上时装设计之路。很多年后，

男孩取得成功，正是因为母亲过去一直在尊重、接纳他的独特，陪伴他度过了需要认同的少年时代，他才得以有机会发挥自己所长。

这个故事里的男孩就是世界著名的华裔服装设计师——吴季刚，其作品深受美国前任总统夫人米歇尔的喜爱。

然而很多父母却和吴季刚的母亲相反，不能与孩子共情是常有的事，同时他们也感到了自己为人父母的教育方式之糟糕，却又无可奈何。

事实上，这可能并不是什么坏事，关键在于我们能否建立起改变的决心，让现在就成为新成长的起点。让我们试试劳伦斯·科恩提出的下面这四个步骤，以帮助我们持续成长。

一是思考：当你生气时，记录下来，并思考为什么。当我的大孩子突然打我的小孩子时，为什么这会让我烦躁？

二是询问：继续深入，问一下我的反应怎样反映出我的价值观。

三是建立：现在研究这个价值观是从哪里来的？是不是有个榜样帮助你建立了这个价值观？为什么这个价值观对你来说如此坚定有力？如果这个价值观是在兄弟姐妹打架时触发的，那么它是因为你重视爱、和平、幸福与同情才产生的吗？还是家庭纽带导致的？为什么这一点如此重要？这颗种子是怎么种下的？

四是重新加强价值观：在家里给孩子们添加一张榜样的图片，或者写一句有意义的话，粘贴在墙上。我们能够清楚地看到那些说法会在我们脑海中逐步加深。

第五章 共情与优秀父母的养成

当你常常作这样的训练时,你会发现一个新的、平静、富有同情又包容的想法取代了负面的想法。你会发现你对待孩子会有全新的视角和想法,会用更加爱的和理解的眼光对待他们的种种行为,会对他们的成长给出他们更加愿意接受的建议和引导。

科恩指出:"价值观的形成是长期积累的。追溯形成的历史能够改变你作为父母的行为以及未来的道路。"我们更需要通过借助共情去深入发掘理解和接纳孩子与众不同的内心世界,以及通过共情去引导孩子更好、更自在地健康成长。那些已经懂得使用家庭共情的少年儿童,在未来的社会人际交往中也将逐渐变得如鱼得水,更容易受到他人的支持和鼓励。

可以说,共情程度决定了爱的深度,也决定了孩子的高度。

第三节 共情如何应用于亲子关系

理论上我们已经知道如何做一名优秀的父母，如何与孩子共情，但是落到实际行动中，我们真的能驾驭自如吗？来看看下面这个案例，让我们来分析分析，共情是如何由浅入深地作用于亲子关系的。

1. 游乐场的案例

在游乐场里，一位妈妈带着自己的女儿丽丽在玩沙子。这时候，一个叫小明的男孩饶有兴趣地走过来，把手伸向丽丽玩沙子的模具，看起来也想和丽丽一起玩。丽丽看到小明要拿她的东西，立刻将模具揽在自己怀里，很警惕地看着小明说："这是我的。"小明的希望落空了，于是委屈地大哭起来。

这时，小明的妈妈过来安慰他说："我知道你很伤心，因为你也想玩她的挖沙工具。"小明似乎更委屈了，边哭边喊："我也要玩！我也要玩！"小明的妈妈看到孩子越闹越凶，有点慌了，一个劲儿地对小明说："我知道你非常难过，因为你太想玩这个玩具了。你不要乱

第五章 共情与优秀父母的养成

叫,因为姐姐并不知道你想玩,你要好好说。"

小明的妈妈就对丽丽说:"小朋友,你看,弟弟很喜欢你的玩具,你和他一起玩好吗?"丽丽思考了几秒,拿出几个小小的工具交给了她。小明的妈妈这才松了一口气,接着把玩具交给了小明说:"你看,姐姐和你分享了,你不要哭了啊。"丽丽妈妈也微笑着点了点头。

没玩多久,小明就没兴趣了,于是母子俩离开了。丽丽的妈妈拿着被还回来的挖沙工具,和丽丽进行了如下谈话。

丽丽妈妈:"你刚才愿意把你的模具给那个弟弟吗?"

丽丽:"不愿意!"

丽丽妈妈:"嗯,这是丽丽你自己的玩具,你有权利自己决定是否分享。那你后来为什么给了小弟弟的妈妈呢?"

丽丽:"因为弟弟一直在哭啊。"

丽丽妈妈:"嗯,弟弟在哭,很难过,所以丽丽才分享了?"

丽丽:"是啊,这样弟弟可以不哭。"

丽丽妈妈:"嗯,玩具是小丽的,分享或者不分享都可以,丽丽可以自己决定。那如果下次我们再遇到这样的情况,你真的不愿意分享,你可以怎么做呢?"

这里我们把这个问题抛给了丽丽,要丽丽和妈妈一起讨论下次再遇到这种情况该怎么办。这种事情会经常发生在游乐场、早教班等公共社交场所,那么家长和孩子、孩子和孩子之间应该如何共情呢?

这个案例中,小明因为没有拿到玩具哭泣,妈妈表示对他情绪的

接纳和认同，这是共情的开始。这位妈妈完全抛开了自己和他人，站在小明的角度感受他的痛苦，所以接纳了孩子的哭泣，并对小明的希望给予了行动，就是从丽丽那里要玩具。

但是，我们并不赞同小明妈妈的这一做法，为什么呢？这里面，丽丽和丽丽妈妈没有被共情，小明妈妈在向丽丽提出要求的时候没有考虑丽丽的感受，让丽丽承担了不愿意失去模具的小痛苦。另外，小明妈妈对小明的共情仅限于将小明的哭闹止住，却没有下一步的行动，显然是不够的。

所以，在这个案例中，我们看到了共情，但是并不是完整的共情，只是对一方共情，比较浅。

2. 将共情做到位

还是这个案例，小明的妈妈看似运用了共情，但是共情的目的却是不正确的。我们大多数家长都容易有的错误的目的，就是为了停止孩子的哭闹，尽可能地满足孩子的意愿。很多父母有个很大的误区，以为"共情"的目的就是让孩子不再大哭大闹，在孩子情绪平复后就认为任务结束了。

事实是，孩子情绪平复之后，真正的共情才刚刚开始。孩子在这个过程中学会了了解自己的情绪，也学会了感受他人的情绪。这对一个3岁小孩子来说似乎有点困难。但是只要家长正确引导，高情商就能从小养成。

最重要的就是如何做共情，如何在我们的生活中教育孩子做个情

第五章 共情与优秀父母的养成

商高、有温度的人。

教给大家一个很有效的方法，就是用讲故事的方式回顾当时的情境。

首先，和孩子一起回忆刚才发生了什么，你的情绪是怎么样的。接下来，和孩子一起分析，是什么让孩子平静下来的。其次，让孩子想一想，为什么会这样，下次遇到类似的问题时又该怎么做呢？

这么做的最大好处在于：首先，在我们和孩子一起记忆的整个过程等于是让孩子逐渐了解自己的情绪，并开始逐渐理解这种情绪。其次，通过分析孩子怎样平静下来，有助于帮助孩子们更好地学会管理自己的情绪。最后，孩子们学会了换位思维，站在彼此的角度和立场上理解彼此的情感。这才是一个完整的共情过程。

人毕竟是社会动物，我们的孩子在接触这个社会的过程中都要经历一个"去自我"的过程。他们会渐渐明白，在这个世界上他们的生活中其他的人不是都围着他们转的，于是孩子们会出现一而再、再而三的激烈情绪，这都是正常的，是家长必须面对的，关键是怎么管理这些情绪。

让我们再次回到游乐场的案例，看看小明的妈妈在带着小明离开后应该做些什么。她在通过帮助儿子清醒地认识到自己"难过"的心理和情绪后更好的表达方式应该是："这是姐姐的玩具，她有权利来决定是否给你玩。你想玩的话，需要自己想想该如何对她说。"

然而，她做的却是替儿子请求别人配合，从而迅速让孩子停止

哭闹。这样做无疑就是在改变环境来适应自己的孩子，这样做很容易让孩子产生"别人就该理解我"的心理，却剥夺了他去理解别人的机会。长此以往，孩子就会有"我委屈了就是你们不好，我的需求不被满足就是你们亏欠我"的感觉，从而越来越以自我为中心。

因此，千万别忘了，使用共情让孩子情绪平复后，真正的教育才开始。

3. 真正和对方一起

真正的共情是不带任何评判，不带任何标签和诊断的。"我能够看到你的真诚和脆弱，我能够满足你的各种情感需求。"这些都是以接纳为前提的。下面这个小故事，也许会带给家长更多启发：

有一个病人，因为受过创伤产生了心理问题，总以为自己是一只蘑菇，经常不吃不喝，只管躲在角落里，像一只真正的蘑菇一样，也不走动。如果他是你熟悉的人，做着你不能理解的事情，你该怎么办呢？

让我们当一次医生，给这位病人治治病。你也许就会这样说："你不是蘑菇啊，赶紧起来吃饭了。"结果是，即便说了成千上万遍，这个病人也不会听进去，甚至你强迫性地拽他起来，他还是无动于衷。你再生气，再怜悯，或者哭诉，软硬兼施，都不能使他屈服。这种情形像极了我们和孩子的相处情形，有时候真的觉得拿孩子没办法。

而真正的医生是这么做的：有一天，医生撑了一把大的雨伞，好

第五章 共情与优秀父母的养成

像一个蘑菇一样，蹲在病人身边。病人很奇怪地问："你是谁呀？"医生说："我也是一只蘑菇呀。"病人点点头，继续做他的蘑菇。

过了一会儿，医生又站了起来慢慢行走。这个病人更奇怪了，"你是一只蘑菇，你怎么能动呢？"医生说："对，我是一只蘑菇，蘑菇也可以动呀。"病人明白了，哦，原来蘑菇也可以动，于是他跟着医生一起走动走动。

后来医生开始吃饭，病人便向他提出一个新的疑惑："你是蘑菇你怎么能吃饭呢？"医生说："蘑菇不吃饭怎么长大？站起来不就是长大了吗？"病人觉得有道理，于是也开始吃饭。

几周以后，这位病人就该吃吃，该喝喝，虽然觉得自己还是一只蘑菇，但是他变得快乐而自信。

我们做家长的，难就难在让自己蹲下身来，和孩子一样，陪孩子做一只蘑菇。举个最简单的例子，有个小孩子拆了自己家的电子产品，这时候你是打他骂他还是和他一起研究里面的构造，和他一样，把自己当成无所不能的科学家或者工程师呢？

第四节　如何避免没有效果的育儿式共情

我们讲育儿式共情，其实并没有想象中的容易。我们很多父母用共情的方法去教育孩子，很有可能发现这样教育是没有效果的。父母也不明白，明明自己已经足够理解和接纳孩子，教育的结果却不容乐观，没有出现期待的效果。那么，是哪里出现了问题呢？

1. 共情方式不对导致育儿式共情失效

首先我们来检查一下，父母在教育孩子过程中有没有出现如下一些情况。

一是父母放任孩子。孩子小的时候都比较贪玩，所以有的父母就认为要尊重孩子的意愿，让孩子干想干的事情，要让孩子拥有全部的自由，释放自己的天性。因此，父母会放任孩子玩耍，放任孩子干任何事情，做什么事情父母都不去干涉，即使孩子做错事情了，父母也没进行相应的教育。这是一种极端做法。

第五章 共情与优秀父母的养成

二是父母太过维护孩子。父母用共情对待孩子并没有什么错，但就怕滥情，总是替孩子考虑，知道孩子很脆弱，却从不教育自己的孩子也站在对方的角度、立场去考虑问题。结果是家长变得太维护自己的孩子，见不得自己孩子有一点点伤心，把孩子养成了玻璃心，像瓷娃娃一样容易破碎。

这种培养方式下，孩子形成了依赖型人格，甚至导致孩子变得自私，把父母的给予和付出视为理所应当，只管索取不懂得付出，也不会替父母考虑。这样教育出来的孩子的未来不容乐观。

三是父母过于讲道理。教育家卢梭曾说过，世上最没用的三种教育方法就是：讲道理，发脾气，刻意感动。一旦孩子做错事或者是遇到什么事情，有的父母就开始讲大道理，有声有色，听起来一点都没有错；但是通常孩子会把父母的话当作耳旁风，左耳朵进右耳朵出。有的孩子因为这些道理导致压抑，内心陷入消极状态，这可不是什么好事情。

讲道理虽然听上去比打骂强多了，却很难和孩子建立情感连接。这是因为当孩子陷入负面情绪中时，大脑处于非整合状态，他根本听不进去父母在讲什么。这时父母说道理，孩子很难理解和消化，更别说心悦诚服地执行。

再说，父母和孩子讲道理的时候，彼此地位往往是不平等的。一旦开启说教模式，那些冠冕之词只会让人听起来觉得乏味，只会让孩子觉得"你根本就不理解我"，反而会激起孩子的反感。作为没有道理的一

方，孩子不仅要处理负面情绪，还要面对家长隐含的指责，内心是很挣扎的。如果一开始沟通就讲道理，等于拆断了与孩子心灵沟通的桥梁。

2. 共情要避免踩这些坑

在与孩子共情的过程中，很多家长会陷入许多误区，错把同情当共情，错把比惨当共情，错把给建议当共情，殊不知这些误区最终导致孩子无法与家长顺畅沟通，只会加重孩子"他们不懂我"的感觉，最终变得不愿意和家长交心，遇见问题不再求助于家长，直到问题大得藏不住，想要解决也晚了。

第一个坑是把同情当共情。共情与同情，一个字之差，意思却大相径庭。尽管二者的目的都是向人传递关爱，然而，同情的本质只能是仁慈。如果父母曾经对孩子施加过同情，则二人在地位上依旧不平等。实践中的施加者很难察觉得到这种不平等，但对于接受者来说，由于它们的不平等，就觉察不到全然的被人尊重和真正的共鸣。

由于同情使人产生意识上的不对等，同情将对方放在了一个较低的位置上，无形中矮化了对方，会挫伤对方自我振作的力量。

我们在生活中经常看到，有些孩子摔倒以后本来自己已经要爬起来了，可是旁边的大人一看说："哎呀，怎么皮都擦破了，太可怜了！"孩子一听如此，意识到自己的可怜，于是坐回地上大哭起来。同情心在这里反而发挥了反作用。

第二个坑是把比惨当作共情。既然共情不是同情，不是居高临下的可怜，那么反过来，我看到你很惨，那就让你知道，我比你更惨，

第五章 共情与优秀父母的养成

可不可以呢？对方会不会感觉好一点呢？

基于这种想法，我们在听到别人倾诉苦难的时候，为了能够安慰他们，我们甚至会把自己的陈年老账也翻开，会说："你这个不算什么，我那时……"使对方知道，我们不仅经历过这样的痛苦，甚至比他还要苦。

这样做的效果如何呢？其实这种情况，沟通双方的地位仍然不对等，关注点依然不是在对方身上，很难帮助对方疏导情绪。

试想一下，如果孩子抱怨作业太多，哭诉着不想写作业，说写不完，这时候家长如果当着孩子的面抱怨："我更辛苦啊，干不完活要被老板骂得很惨，还要被扣工资。"这时候，孩子会有什么反应？拜托，孩子的目的只是不想写作业，难道你也不想工作了吗？这时候的首要问题是理解孩子的不耐烦，等孩子心情平复下来，和孩子一起看看怎么样才能快速有效地完成作业。这可不是怨天尤人的时候。

第三个坑是把给建议当共情。给建议也是共情中最常遇到的假形障碍。在家庭生活中，这种事情常常发生：本来妻子只是想发一通牢骚，可是理性的丈夫一听，马上给出可行性建议："这肯定是你哪里没做好。下次你遇到这种情形应该这样才行……"结果两人不欢而散。

亲子关系也是这样的情况。正常情况下，家长是能够觉察到孩子已经在负面情绪当中。可是，许多家长为了尽快平息孩子的情绪，还没来得及和孩子建立连接，就已给出了一堆的建议。当这些建议不被

孩子采纳、孩子的负面情绪开始严重时，家长又会陷入焦灼或是评判中，要么否定孩子"这孩子怎么这么倔"，要么自我否定"我怎么连这种小事都搞不定"。这些情绪和评判都阻碍了家长去感受孩子的感受，建立真正的连接。

3. 育儿式共情的正确打开方式

首先要充分尊重每一个孩子的观念和想法。我们要知道这些孩子的思维方式是有着千差万别的，也可能与我们成年人的截然不同。不管观念和想法是什么，在成人眼里是好是坏，我们都要给予最大的尊重，不要随便给孩子贴标签，不要随便以自己的标准评判好坏。

在尊重孩子想法的基础上，父母要对孩子的观念和想法进行判断和评价，如果认为孩子的想法是错误的，就要告诉孩子，这个想法错在哪里，但是此时一定注意语气要正式而尊重，要以平等地位去看待孩子的观念和想法，理智客观。

其次就是正面引导孩子的情绪。情绪是孩子表达的出口，每个孩子都有不同的情绪。所以作为家长，要充分体谅孩子的感受和情绪，理解孩子的心情，不要一味地用强制、恐吓等手段去阻止孩子有感受、有情绪。要知道，这样做的结果并不会使孩子的情绪消失，而是积压在孩子心里，早晚要以别的形式爆发。

只有让孩子明白父母是理解自己的情绪和感受的，而且父母会用实际行动去回应孩子的情绪和感受，孩子才会信任父母，情绪才会往正向、积极的方向发展。

第五章 共情与优秀父母的养成

来看看下面这个小案例,这位妈妈是怎么共情孩子、最终解决问题的。

阳阳快 3 岁时,有阵子晚上老是闹着不肯上床睡觉,而且经常会给出一些让人无法拒绝的理由,比如说饿了呀,渴了呀。以前妈妈就会问他:"噢,那你想喝水吗?你要吃什么?"可常常东西拿来他又不喝不吃。这种情况很容易让妈妈生气。

后来这位妈妈意识到,孩子产生情绪的原因根本不是他说的那些需求,而是"我入睡有困难,需要协助"。于是,当阳阳又开始闹时,妈妈就说:"嗯,你是不是有点困但又不太想睡觉啊?"他说:"嗯,不想睡觉。"妈妈接着说:"的确是,有的时候想睡却睡不着是挺难过的。"他听了这句话之后就躺在妈妈怀里。妈妈接着说:"要是妈妈牵牵你的手,摸摸你的背,你会不会感觉舒服一些?"他没怎么回答,当这位妈妈牵着他的手,摸着他的背,没一分钟,孩子就睡着了。

从这个小小的例子中可以清楚地看出,共情有时候也许会变得像点穴一样,一旦讲述者说中了儿童的感觉,孩子也就不必再需要使用自己的负面情绪去引起其他人注意。当我们站在孩子的世界,与他们同频之后,你会发现,原先家长和孩子一直纠缠的问题往往就迎刃而解了。

第六章 共情在其他领域的应用

第一节 共情与网络公关

有一个著名的名词叫"企业共情力公关",就是指一个企业的公关活动首先要能够充分地激发社会公众的情绪,并且要将情感关系到企业的产品或服务,再最终回归企业产品本身的一个过程。为什么越来越多的企业将公关与共情连接起来?因为如果公关的内容不能够引起受众的共鸣,就算有华丽的辞藻、严密细致的逻辑,终究是一个毫无灵魂的美丽外壳,不会引起目标受众的关注。

这就是共情的力量,让公关变得有温度,有人情味,让企业变得像人,将企业与消费者的对话,转化成人与人之间的对话时,消费者自然会容易接受。

刘翔受伤后代言的耐克广告案例和李佳琦为肯德基代言的案例都是经典的"共情力"公关模范,而其中的秘密就是公关参透了"人"这一物种的内心真情实感。

第六章　共情在其他领域的应用

1. 刘翔受伤后，耐克公关的担当

2008年，奥运会整体赛程已经过半，各个大运动品牌和奥运赞助商的奥运品牌营销策略竞争争夺大战也已经开始，逐渐进入白热化。但是作为那时最热的体育明星刘翔，虽然刚刚登场，却带来了出人意料的结果。在亿万观众的注视下，刘翔带着伤痛离开，他当时接的数十家广告赞助商的代言活动，受到不小的打击。

就在比赛前，著名经济学家张五常在博客中写道："我认为这次刘翔的胜与败，其个人的广告收益会起码相差十亿元。"而在营销专家们看来，赞助商们不能把宝全押在一个运动员身上，对刘翔的退赛在广告上如何处理关系到企业的公关形象。这对公关部门来说，无疑是一场危机，如何将危机转化为商机，需要花不少心思。

当时刘翔代言了众多品牌，除耐克之外，还有安利纽崔莱、VISA、伊利、交通银行、联想、中国邮政和中国移动等，这些企业都陷入刘翔退赛的影响。面对这一变化，有些广告公司"放弃"了刘翔，转头开始去寻找新的品牌形象代言人，但是耐克最终选择了不放弃，这在当时似乎是一个不太明智的决定。

在刘翔退赛之后，耐克代言人依旧是刘翔，但所有关于刘翔宣传海报上的文案都发生了变化。虽然刘翔因伤突然退出比赛是所有人都未曾料到的，但是耐克等企业有专门的团队进行刘翔广告的策划工作。此前，考虑到刘翔能否夺冠存在不确定性，耐克早就做了两手准备——刘翔夺冠后的广告和未夺冠的广告。

所以，针对刘翔退赛，耐克的文案也进行了相应的调整。"爱比赛、爱拼上所有的尊严、爱把它再赢回来、爱付出一切、爱荣耀、爱挫折、爱运动，即使它伤了你的心。"这些精彩讲话不仅唤醒了群众心中对刘翔的激励之心，也让大家对刘翔更加理解了。消费者会意识到，哦，原来耐克知道，刘翔退赛让大家伤心了。

整个文案写作进行过程中，充分运用"励志"与"支持"等核心元素，激起群众之大爱心，带动公众的积极情绪。一方面正确引导了社会舆论，引向正确的发展趋势；另一方面完成了"共情力"和公关"激发"阶段工作。

该案例也清晰解释了为什么很多企业做好了消费者情绪激发之后，在转化与收益的实际效果上却效果尴尬。没有底蕴的企业很多时候只是做到了群众"情绪激发"，在品牌与情绪"关联"以及使情绪"回归"产品部分并没有使其拥有群众认可基础，从而导致整个行为收效甚微。无论运用怎样的公关策略，品牌定位与产品体验也是非常重要的基础。

2. 肯德基的圣诞红

2019年圣诞月，肯德基开启了一轮圣诞营销，请李佳琦和周冬雨做了一系列暖心广告。

广告一：2019年的炸鸡店店长依旧是鹿晗，他迎来了带货界的翘楚李佳琦，不知道这两位流量明星在肯德基相遇时能碰撞出怎样的火花。

第六章　共情在其他领域的应用

故事从充满圣诞气息的店铺招牌拉开序幕。李佳琦一脸疲惫地进入小店，手中拎着一个四四方方的手提箱。这个手提箱里不是别的，正是数不清的、各种色号的口红，李佳琦一边比画着口红，一边在记录着什么。

接下来，广告从一句"圣诞了，怎么还不给自己放个假"开始，讲述了"拼命三郎"李佳琦的工作状态。

当鹿晗问到"你自己是什么颜色"的时候，李佳琦一句"我就是那款拼命红"将整个正在"励志、拼搏"的群体的情绪直接激发出来。

众所周知，李佳琦已经被公认为是通过艰辛和努力成功的代表，他的努力和拼搏精神代表了年青一代在城市打拼的精神，因而文案一出，很容易引起年轻消费者的共鸣，认为这代表的就是自己的境遇。

广告二：一个瘦弱的都市少女手中抱着一台笔记本电脑，匆匆地走进这家圣诞炸鸡店。

对无数奋斗在城市的年轻人来讲，也许平时的生活就意味着炸鸡与快餐，它们是这代年轻人奋斗的见证品。在女孩匆忙的工作节奏中，炸鸡成了那个可以安慰她辛苦付出的东西。

人们总是在奋斗的崩溃边缘不断地自我安慰与自我修复，最后重整姿态，继续昂扬向前。整个故事就是都市中奋斗的青年在压力巨大和工作繁忙的情况下努力坚持与拼搏。当我们感觉到自己真的快支撑不下去的时候，常常会感到迷茫。就像我们常常问自己：还要继续

坚持吗，还是应该选择放弃？我们这么艰苦拼搏，到底为了什么？是不是应该回去，选择一条比较容易的道路？一个个的问题萦绕在女孩的脑中，也回响在每一个消费者心里。随后这个女孩进入了梦乡。在这个梦里，她看到年轻时的自己，那个喊着"上海，我去定了。不管遇到什么困难，我都会坚持下来"的野心勃勃的自己。

然后，她醒了。

两个故事的脉络非常简单，但两个故事的内容却非常具备代表性。因为这两个故事发生在我们所有人的身边，同样也表达了我们一直努力在追求的精神内容——奋斗与坚持。

两则故事都很可能发生在我们的日常生活中，发生在每一个来城市打拼的人身上，里面有我们曾经经历过的或者正在经历的感情和情绪，所以两个故事通过广告的形式共情，获得了消费者的关注，因为消费者觉得说的就是他们自己。

对于很多人来说，他们不缺乏故事，他们不缺乏圣诞，也不缺乏拼搏与坚持，但看到这个故事之后，他们突然发现，离故事中的角色只差一桶炸鸡的距离。情绪与品牌之间自然地关联在一起。

3. 提升企业公关共情力的实战方法

首先，给品牌注入情感。比如亲情：以"团圆""感恩""健康"等内容为核心的品牌公关手法都可以归结于"亲情"共情元素的范畴。比如思念水饺推的"健康"与"团圆"主题，还有很多品牌在春节期间进行阖家欢乐祝福这些都属于亲情共情的内容。

第六章 共情在其他领域的应用

其次,用公益行动激发消费者感恩之心。在企业塑造品牌形象的过程中,"公益"从来都是高频词。很多企业都会将公益事业作为企业发展战略中的关键一环,因为这是品牌拉近受众的最好机会之一。王老吉曾经的"豪掷一亿",其影响力至今仍然延续。除了企业,明星也常常通过做公益提升自己的个人形象。

再次,可以用怀旧的内容带给消费者一场记忆的旅行。也就是我们讲的"怀旧共情",就是通过特定的事或物让群众因怀念旧时光而产生难以名状的情绪波动。

最后,可以利用消极的内容激发出消费者共鸣的情感。比如恐慌,当人们因为对于某些状态或事物产生恐慌的时候,在"损失厌恶"的作用下会自发产生自我保护机制,具体行为就是努力消除恐慌。

总而言之,共情力公关其实就是依托于人性而产生的一种公共关系调整行为。整个公关过程就是让品牌变得有温度,让消费者能体验到企业的关怀和温暖。

第二节　共情与品牌营销

广告圈里有一句赫赫有名的沃纳梅克之惑——"我知道我的广告费有一半被浪费掉了，但我不知道是哪一半"。

因为一提到品牌营销，很多人首先想到的是广告，是新媒体。同样，很多企业的领导层也对品牌营销抱着偏见，依然把品牌营销当作一种广告行为，而没有纳入企业的市场管理和发展战略中去。所以，很多广告费真的是学费，都上交了。

实际上，广告圈还有一句名言——"品牌就是讲故事"。一个企业品牌能不能做长久，能不能深入人心，要看企业的故事讲得好不好。所以，怎么实现品牌与用户"共情"、让品牌的故事能够感染目标受众成为一种最高阶的营销方式。

"酒香也怕巷子深"，品牌营销不过是讲好一个真实的故事。故事是一种最原始的娱乐性文本，也是最具备传播性的素材，它能让你的企业品牌与受众在情感上实现共鸣。

第六章 共情在其他领域的应用

1. 共情给予品牌力量

有一个很有趣的小案例：网络上曾经流传一张 T 恤的照片，T 恤上面用中英文双语写着："我就是想看看，我什么也不买，我也没带钱，所以不用理我，谢了。"就是这样简单的一句话引起了网友的热捧，说这样的 T 恤怎么也得来一件。

这就是一个鲜明地参透了消费者痛点、能与消费者共情的小案例。只是一句走心的话，却戳中了大家逛街老被导购烦这一点，便能建立起和受众的连接。品牌也是一样，要想和消费者拉近距离，共情是必需的选择。

共情就是真正理解消费者。不同的时代，消费者的需求不断地变化。大众已经不再相信名牌，而是把更多的消费价值体现在自身的价值展现和自我展现上。

现今社会品牌众多，大众不可能记住每一个品牌，因此品牌要做的是帮助消费者自我实现，而不是名牌时代的自我标榜。

拿我们都熟悉的耐克来说，耐克很少作关于产品层面的宣传，但它的品牌理念非常清晰，就是 Just do it！这是一种体育的竞技精神，是勇于挑战自我永不言败的坚持精神。它把拥有相同理念的人和热爱运动的人连接在一起，让营销回归了价值观。

所以共情给予一个品牌的，是一个有形象、有血肉、有骨架、有灵魂的组织体系，其传播、沟通设计都是通过各种方法打造从产品到品牌的路径和烙印，从而建立产品与消费者的情感联系。

此外，共情还可以帮助进行品牌定位。

没有品牌定位的企业是怎样的？有的企业赚了一季或者亏了一季之后会质疑产品的风格，不知要不要改，品牌的档次是提升还是下降，年龄定位要不要变化。于是很多品牌做着做着就找不到方向和定位了，在不断的市场变化中迷失了品牌的自我。如果没有固定的客户群围绕着品牌、企业的运营太过动荡是不容易产生品牌的。

决策者除了要有眼光、决策能力和智慧之外，还要具备与经济、社会、政治形态下的人共情的能力。比如说，假如你是一家服装企业的老板，在暴雨增多的年份，你会怎么考虑服装的设计。你会考虑到暴雨给人们买衣服的选择带来的影响吗？你会考虑到人们还有心情购买奢侈品吗？你具备预测未来消费者购买欲望的走势的能力吗？

好的服装品牌共情能力很高，能够抓住细节、细微的改变，从来不闭门造车。以服装品牌白领为例，它能准确抓住服装之外的信息，带着共情能力和感知能力进行设计。它的设计理念对每一季的应季色彩都很敏感，让人看着很舒服。

还有一些国外的服装品牌，他们在店铺准备了免费的甜点和专供男士休息的地方，让他们喝着咖啡、听着音乐、看着手机，慢慢等待女士挑选衣服。

在未来竞争中，谁占领了客户心智，谁就是赢家；谁掌握了共情能力,谁就更可能成为领跑者。

2. 共情就是讲好品牌故事,增加品牌的社交货币收益

谁的品牌最会说故事,谁就拥有最强健的品牌。而纵观那些会讲故事的品牌都很会和消费者共情。

过去,我们都喜欢用漏斗营销模型来分析营销策略。这种模型始于消费者对产品和服务的关注,终于购买行为和忠诚度的建立,是一个层层递减、层层流失的过程。

但是,在自媒体、社会化营销时代,漏斗模型越来越呈现出低效的一面。尤其是在最后一环,品牌可通过社交场景的连接把用户转化为品牌的"推广人",激发用户进行圈层式传播,把品牌推荐给更多的用户,实现更有趣的用户互动以及裂变式的传播。

如果消费者不能共情到品牌传播的价值信息,这种传播力就不复存在。只有消费者对传播内容有感触,才会有分享和继续传播的意愿和冲动。

中国社会正处于消费升级时期,尤其是体现在年轻群体身上。罗振宇先生曾经提出过一个想法:未来的交易入口不是流量,是社交,是人格。而社交和人格都离不开品牌的共情能力。

那些追求个性化的年轻群体更需要高质量的社交,"社交货币"的概念也由此诞生。从社交货币的以下几个层面我们就能看出,共情多么重要。

表达想法：我有想法，但是不太会表达，有一篇文章、一个场景恰好可以帮助我表达自己内心的想法。

塑造形象：我分享这样的信息可以帮助我在他人面前塑造良好的形象。

情绪抒发：情绪本身就是具有传染性的，好内容可以帮助人们抒发情绪。

寻找同类：表达某种观点可以帮助我获得某一群体的认同。

社会炫耀/攀比：让我看上去比其他人更强（好看、有钱、有趣、有思想、有审美、有责任感……），以获得更多的影响力。

帮助他人："我有用，我被人需要"是人的社会价值的体现。

展示爱心：爱心是关爱性和尽责性的体现，人们需要展现自己爱心的平台。

提供谈资：社交不尴聊，帮助人们解决聊什么的问题。

所以，对于一个品牌，当今那些能和消费者建立密切联系的工具都要考虑。看消费者认为这个品牌值不值得晒。如果品牌向消费者提供了有用的社交货币，就会让潜在消费者在看到产品信息时主动拍照、发朋友圈或者评论。比如海底捞的新吃法、江小白鸡尾酒勾兑、奥利奥的辣味鸡翅、芥末味夹心饼干，给用户制造了具有"新鲜感、情趣感"的社交货币。

会讲故事的品牌是会撩动消费者的心、直击他们的痛点和痒点、能够与他们共情的品牌。

3. 讲好故事的技巧

首先，我们要确定主题，因为一个品牌故事能否讲好取决于品牌是否有好的个性和内涵，所以首先必须要根据自己品牌的个性和内涵去设计可能打动人心的主题。比如，德芙巧克力这个品牌背后的一个讲故事的核心思想就是"表白"；而苹果公司需要表达的另一个主题就是"引领"；海底捞更神了，它们所表现出来的故事主题则是"双手改变命运"，所以海底捞一直都在有意识地创造并且精心设计一系列既能够超出社会大众预期又被中国消费者津津乐道的海底捞品牌服务的故事。

其次，设计冲突。好的故事一定要有矛盾有冲突，这是抓住消费者的策略和方法。跌宕起伏的剧情会吸引消费者一直关注下去。好的故事情节设计也就是给故事一副好的皮相，让众人为之欲罢不能、深陷其中。

比如，褚橙的人生故事，它所要说的其实就是一段人生励志故事，褚橙讲述的其实就是褚时健人生的一场胜败，是其巅峰和人生低谷之间的激烈冲突。再如，"roseonly"故事的核心是，只求一生只爱一人。讲述的是男人送花只能送给唯一的她的故事，解决的是爱情唯一和出轨的冲突。

最后，也是最重要的一点就是品牌要带着消费者一起讲故事。因为在我们所处的多媒体时代，产品的质量和功能已经不能决定消费者的购买决策，他们更加在意的是，这款产品给他们带来的体验和

感受。

比如，南方的美味食品黑芝麻糊的品牌，就是通过这种营销方式创造出一个亲身体验式的故事，让未来更多的食品消费者感到能够真正吃得出广告中想要传达的相同感受和情绪，产生对于童年那段时期的深刻怀念和美好回忆，片中舔碗的小小子就像小时候吃某种喜爱食品时意犹未尽的自己。

所以，一个品牌代表的产品到底是什么？它是什么其实根本不重要，重要的是用户觉得这款产品是什么，这才是最核心、最重要的。只有能够让用户了解到故事所表达的理念、价值观等，才能形成裂变式的传播。

所以讲好品牌故事是一个润物细无声的渗透过程，而不是刻意灌输的过程。

第六章 共情在其他领域的应用

第三节 共情与心理健康教育

近年来青少年自杀案件和校园霸凌案件频发,特别是2020年受新冠肺炎疫情的影响,很多孩子在返校后都产生了或多或少的心理问题,这更需要引起家长和全社会的重视。

中国人民大学心理研究所所长俞国良发现,根据教育部的调研和全国心理援助热线掌握的信息来看,青少年在疫情期间表现出和以往任何一段时间都不同的心理状态。主要表现是:疫情引发产生了强大的心理恐惧、焦虑和压抑,特别是担心居家学习效果不佳、害怕学习成绩下降;亲子矛盾升级,甚至出现家庭大战;居家生活枯燥无聊,导致易怒、作息不规律、想外出等;玩手机时间增加,难以自拔。

重视校园学生的心理健康已经到了刻不容缓的地步。

随着当前大、中、小学生心理问题逐渐突出,心理健康教育被提到非常重要的位置上来。全国各地的学校、教育机构大都有心理咨询

师，为有心理问题的孩子提供帮助，他们也通过各种方式引导家长对孩子的心理健康成长作出正确的选择。

此时，共情已经更加广泛和普遍地发挥着作用，具有重大意义。在孩子的心理健康教育中，共情同样扮演着十分重要的角色。

1. 孩子的心理健康问题需要积极干预

一般而言，从心理健康发展的角度考虑，人的各种心理状态大致可以划分为三类：正常的状态、非平衡的状态和不健康的状态。与这三类心态相对应，其对人在社会中的行为方式也存在十分重要的影响。

第一种状态是正常的状态。在没有较大麻烦的情况下，学生们的心智都会保持正常的状态。这种状态之下，学生的思想和行为基本都与正常的价值观、道德素质及其人格性质相一致，是处于一种健康或者良好的状态。

第二个状态为非平衡的状态。一旦校园中发生了一些严重扰乱正常生活、引起社会中人们积极情感的事情，例如，遭遇挫折、要求得不到满足等，就可能会使学生进入一种非平衡的状态。这里所指的是学生在心理上处于挫折、压抑、恐慌、担心、矛盾等状态。

第三种状态就是不健康的状态。当一个学生在心理上处于不健康的状态，他就会发生与社会不相适应的行为，包括反社会行为和异常的行为。所谓"非线性"的发生就是指这些行为的产生常常都是没有明确的、直接的理由，找不出它们之间的因果关系。

比如，一位小学生突然开始害怕一个方格或者是类似于方格的所有东西，这就是一种奇怪的异常行为，包括他本身在内，谁都弄不清他为什么要恐惧方格。正是因为这种非线性的特征，我们对它的产生根本无法进行推测。学生在心理不健康状态下所发生的反社会行为或异常行为可能既没有直接的原因，也没有明确的行为动机，因此这种行为谈不上是其价值观、道德水准或人格特点的必然产物。

青少年的心理状况不稳定、认识结构不完善、生理成熟和心理变化发展不协调、对社会和家庭的叛逆以及依靠之间的矛盾冲突、成就感和挫折感的相互交替等导致他们焦虑的情绪比较严重。小学阶段的孩子由于在生活中自我意识脆弱，生活经验比较少，抗挫折的能力相对较低，因此也更容易出现心理和行为方面的问题。

青少年所面临的主要心理行为问题包括情感问题、行动上的问题、处置方式上的问题以及主观幸福感的缺失等问题，严重者也可能会出现心理障碍。若不及时进行干预，儿童的心理病症在成年后依然可能会继续发展。

2. 学生中常见的心理问题

第一类问题是因为学习而产生的心理问题。这种心理问题在我国学生中占有很高比例，主要表现为由于学生们的心理压力日益增加，

造成了他们精神上的疲惫和萎靡，从而引起食欲不振、失眠、神经功能衰弱、记忆功能减退、思维迟缓等。另外，孩子们产生了越来越多的厌学情绪，现在不光是学习不好的孩子会有一些厌学的情绪，那些原本学习好的孩子也会产生厌学的情绪。当然，对于考试的焦虑对孩子的打击更大。

第二类问题是人际关系问题。如与老师的人际关系问题，与同学的人际关系问题，与父母的人际关系问题。学生因为往往得不到老师、同学和父母的大力支持，而与他们之间互相对抗产生了矛盾心理。特别是在一个家庭中，父母往往因为无法和自己的独生子女之间进行充分的沟通，造成了一些孩子形成孤僻、专横的性格。这些性格的形成会影响孩子一辈子。

第三类问题就是青春期问题。一个普遍的心理就是青春期闭锁心理，其主要表现为趋于关闭、封锁的外在表现和日益丰富、复杂的内心活动并存于同一个体。很多家长发现孩子青春期以后不再跟他们沟通了，还经常和他们发脾气。这主要是由于青春期孩子在身体上的发育和生理上的改变所引起的。

第四类问题就是挫折适应性问题。当代中学生遭受的挫折可能来自很多方面，包括学习上人际交往、兴趣与愿望等方面，还包括自我尊重方面。它的成因包括客观原则、社会环境因素和个体主观原则。现在很多孩子因为父母从小对孩子的追求完美的要求或者溺爱纵容很容易产生一颗"玻璃心"，受不了自己比不上别人，受不了自己的需求没有及时被满足，受不了老师或同学的一点批评。稍微有点挫折就做出不可自抑的事。

在这种情况下，学校的心理咨询工作必不可少。

3. 心理咨询中的真共情和伪共情

在学校的心理健康教育活动中，共情就是心理辅导教师通过设身处地体会每一个学生的真实内心感觉和情绪，达到对于学生状态的一种充分了解。想要真正做到与同学们共情，心理教师就需要走出自己的参照系，进入学生的参照系，把自己摆在学生的位置和状态上，尝试从学生的角度去看待这些问题，了解他们的感受。

这样，学生才能觉得自己被人所理解、接纳，从而在心里感到愉快、满足，这对于建立一种咨询关系有着积极的作用，而且还能够促进他们自我表现、自我发展和探索，从而能够与咨询师进行更加深入的互动，对于一个迫切需要得到理解、关怀以及进行情感上的倾诉的学生具有很明显的作用。

下面这个案例来自一位一线的心理辅导老师张老师的真实辅导过程记录。让我们来看看张老师是如何通过共情疏解这一学生的心理纠结，帮助他恢复心理健康的。

曾经，在学校的心理咨询室进行值班时，一位男生推开门，张老师微笑地站立起来迎接。那个小伙子一坐下，便对她说："我虽然付出了那么多的功夫，但为什么总考不到我理想的成绩呢？"

张老师仔细地观察了那个学生，他的衣服穿着整齐，行为举止

得体，只是不经意间流露了忧愁。张老师没有很快给他以任何语言上的回应，而是采用了专注的眼神目视他，并且面带微笑，时而对他点点头。

这位男生看看张老师，又接着说："我妈妈那么辛苦，每天起早贪黑地伺候我学习，要是我考不到全班前五名，我觉得我很对不住她的。"说着说着，这位学生眼睛湿润了，几滴泪水流了出来。

张老师递过面巾纸，示意他擦眼泪，并说："我能感觉出此刻的你非常伤心、难过、无助，你觉得你每一次必须要考到全班前五名才对得起你的妈妈，是这样的吗？"

在这一次的咨询案例中，张老师没有急于对他进行学习和方法上的指导，更没有对他进行空洞乏味的说教，而是深刻体会男生的心理和情感，了解他当下的状况，去陪伴、倾听、理解其当下的感受，恰当地对他给予积极的关注，适时对他进行情感上的疏导。这就是建立良好的心理咨询人际关系的关键。

因为张老师有了很好的开始，在接下来的几次心理咨询中，这个学生逐步地学会了自我觉察，并在张老师的心理指导和陪伴下掌握了一些调整情绪的方法，改变了一些不良的认知，在校园里，也终于能够看到他那阳光般灿烂的笑脸。

或许你可能不知道，在平时的心理辅导中存在伪共情现象。伪共情是指那些看上去很像站在对方的角度考虑问题、试图让对方感受变好，但其实不是真正的共情。

第六章　共情在其他领域的应用

比方说下面这个案例。

咨询师：你能谈一下自己的情况吗？

来访者：我……我非常担心这次的考试又会考不好。我每天都在努力，但是做得很差。

咨询师：你怎么会对自己没有信心？

来访者：我做什么都做不好。

咨询师：你哪些事情没有做好呢？

来访者：我之前的考试也没有顺利通过。

咨询师：也许就是我们上次在全区所做的那次调研测试？

来访者：是的。

咨询师：那你能告诉我从小到大做得好的事情吗？

来访者：我从小什么事情都做不好。

咨询师：你对自己太没有信心了。你在班级里的成绩排名怎么样？

来访者：十名左右。

咨询师：很不错啊！你为什么还没有信心呢？（语气过于随意）

来访者：因为没有达到妈妈的要求，她希望我每次考试排名都能在前五名。

咨询师：你真是妈妈的乖孩子啊！（对于中学生，用这样的"共情"方式不恰当）

……

来访者：妈妈说我照顾不好自己。

咨询师：现在你们正处于学生时代，生活中的很多事情都是父母代办，被父母照顾着，你不会洗衣、烧饭也不能代表你全都做不好啊。

来访者：但是我做不好这些。

咨询师：你应该这样想，你考试成绩能排在十名左右，应该是个学习能力很强的学生。如果你对自己如此不满意，那么排在后十名的学生该怎么想呢？

来访者：他们有比我强的地方，比如他们会唱歌、会打球，还会做饭。

咨询师：这是你自己的评价吗？

来访者：是的。

咨询师：你其实已经很棒了，能够排名在十名左右。（"伪共情"，来访者并不会因为咨询师的这句话而自信心增加）

其实这是个非常典型的自卑心理案例，来访者最需要的是"超越自卑"。这时候，咨询师很重要的一项工作就是对这个自卑的来访者给予肯定和认可，就像中医中的"进补"一样，一定要先把身体（心态）调理好，才能补得进去。

即便是很有经验的咨询师也有可能陷入找不到感觉的困境中去，只为让对方感觉好而产生伪共情。因为有时候，心理咨询师会被自己的理性思考所左右，有时会按捺不住探求心理问题产生原因的冲动，从而把学生的情感需求、学生的感受放在了一边。这时候，咨询师再多说什么都是一种伪共情，学生很容易就发现他并没有理解自己，转而会失去对他的信任，不再寻求他的帮助。

第四节　共情与采访

我们已经了解到，共情在商业领域发挥着不可估量的作用。无论是对品牌的公关还是一场重要的商业谈判，具有共情能力的参与人都能获得更大的成就。实际上，这在很多场合都能见到——那些具备共情能力的人更容易让周围的人敞开心扉，从而获得更多的支持和信任，那么他们解决起问题来就能轻而易举了。

以新闻采访为例，新闻采访过程并不像我们表面看上去那么容易。有人认为，只要拿着采访提纲问问题就行了。实际上，在很多情况下，如果被采访者不能够进入状态，其结果很可能是其回答问题的数量还没有记者问问题的数量多。有经验的记者会抓住一个问题，引导被采访者的思路慢慢深入，挖掘出更加有价值的信息。这一过程中需要记者使用一些技巧，共情就是非常常用的技巧之一。

新闻采访活动中的共情即新闻记者需要充分地借助心理学的基

第六章 共情在其他领域的应用

础知识，在前期阶段进行周详的调研与准备，通过自身的语言、态度、表情、行为等来促使被采访者更好地感到被人尊重、理解、接纳，从而充分激发被采访者的自我表达，使得双方都能够有更加深入的沟通。

无论愿不愿意承认，你都会发现，当新闻记者能够和被采访者站在同一条战线上看待问题，能够感受被采访者的情绪时，被采访者会更加敞开心扉，聊得比记者预先想的还多。

1. 共情的目的是拉近和被采访者的距离

作为一名记者，时刻要牢记自己的使命，就是从采访对象那里获得有价值的信息，可是这个过程并不简单。并不是你想让人家开口，人家就能开口的。记者必须融入采访者的精神氛围中去，巧妙破除被采访者的心理防线，获取他们的信任，和他们建立良好的沟通关系，他们才有可能按照记者的意愿行动。

让我们先抛出一个问题，假如你是一名记者，要采访一位病倒在工作岗位上的教师的妻子，当你到教师家中时，你应该怎么跟她沟通呢？

我们来看看共情能够为我们带来什么。从一定的意义上讲，共情是实现人类社会活动的基础和前提，它能够帮助那些受排挤的个体消除不安和抵触性的心理，拉近彼此的心理距离，使得话题由封闭走向开放。

想象一下你站在那位刚刚失去丈夫的妻子的面前,她一定是不愿意讲话的。你该怎么做才能打开她的心房?聪明的做法是先不提有关采访的东西,而是亲自和教师妻子来到该老师的纪念碑前进行默哀,然后仔细地观看纪念碑上摆在其遗像旁边的众多证书和勋章。花20多分钟的精力认真地了解逝者生前的各种事迹,用无声的语言"倾诉"自己作为一名记者对教师英年早逝的深切哀悼。

你能做到这样吗?用诚恳具体的谈话态度、饱含真情的肢体语言,充分表达信息,来体现对被采访对象的充分尊重和感激,与之逐渐形成一份深刻的共情,缩短彼此身体和心灵的距离,使随后的媒体采访顺利而又融洽。

在采访过程中,如果我们正确运用共情,营造互相信任、和谐的氛围,善于从那些被采访对象的言语、态度、表情、动作中收集信息,以此更加准确地判断和修正信息,就能更好地挖掘事实真相,保证采访的全面性与真实性。

美国记者约翰·赫尔顿曾经说过:"新闻工具不应该把新闻人物当作'材料'看待,而应该把他们当作'人'看待。"如果想报道出能引起大众共鸣的东西,就要和被采访者建立情感上的联系,共情是必备的技能。

具体到新闻采访来说,就是以人为本,以平等的视角将采访对象

第六章 共情在其他领域的应用

还原为真实的人,从普遍的人性出发看问题、想事情,通过恰当的共情深入被采访者的内心,才能拓展出有深度的报道。

比如,《南阳晚报》记者于晓霞在报道救火英雄王锋的事迹时花了很长一段时间,几乎每天都往医院跑,陪伴着王锋的妻子潘品,随时关注王锋的病情,和王锋的妻子一起守候,帮他们筹钱、照顾孩子、分忧解难。长时间的陪伴使于晓霞和王锋及家人建立了深厚的情感联系,她写出来的报道自然而充满真情。9个月的时间里,她发了50篇文字,30幅照片,连她自己也融进了报道里,从而引起了读者的强烈共鸣,使作品充满了感染力,彰显了人文情怀。

2. 共情运用四步法

在真实的采访世界中,记者会运用一些共情技巧,让采访更加顺利和深入。这里介绍的四步法也可以用在和陌生人的沟通中。如果对方是一位你尚不熟悉的客户,或者是一位寻求帮助的合作伙伴,抑或是一位商业谈判的对手,那么,你也可以试试用记者的方法尝试与对方共情沟通。

第一步,选择去被采访者熟悉的环境。心理学的实验已经告诉我们,在一个熟悉的环境里,人们比较放松,能够引起他们产生积极的精神效应,他们容易向他人敞开自己的心扉。在这种环境中,记者和所要采访的对象之间也就比较容易产生共情。

举个例子：在报道《寻找幸福之旅》时，记者正是赶上了郑州市郑东新区刚刚投入建设，于是这位记者便选择到那里进行建筑项目的采访。半个多月的日子里，记者天天都是浸泡在一群建筑女工的生活环境中，和她们一起干活，体验她们的辛苦。时间长了，大家就变成了好朋友。在这种沉浸式的经历中，记者对于这些年轻女工的酸甜苦辣、所思所想有着感同身受，于是能写出生动鲜活又立意高远的文章。

和采访对象的共情其实就是一个贴心、交心的过程。当我们深入基层，脚下和农民一样沾着泥土，和工人一样顶着烈日流着汗，在他们熟悉放松的环境进行采访，这些贴心的举动和选择才能打动采访对象，使他们打消顾虑，想说话，说真话。

第二步，采访前作好充分的准备。一次成功的共情往往都离不开前期充分的准备，这既是采访的技巧，又是为了争取被采访者的信任与尊重，为推动话题的发展和深入提供良好的契机。认真准备、收集相关资料有助于我们全面地掌握受访对象工作条件、做事风格和思想品德、兴趣爱好等各个方面的特点，从而能够更加有针对性地制订计划和采取行之有效的沟通手段，从身体和精神两个层面使受访者留下深刻的印象，产生默契和共情，通过情感上的共振将话题更加深入。

一名优秀的记者是能够问得出被采访者愿意深究和思考的问

第六章　共情在其他领域的应用

题的人，如果不能和被采访者共情，只能问一些浮于表面、在网络上就能搜到答案的问题，是得不到被采访者的尊重的，也是写不出优秀的报道来的。这就需要记者们在接受采访前做大量的前期准备。

第三步，和采访对象换位思考。在采访中，有的采访对象会积极地配合，非常善于言谈，也有一些人则不怎么会说话，甚至是为了防范而产生抵触。这时候就需要新闻记者能够学会换位观察和思考，站在每一个采访对象的立场和角度，体会和揣摩他们在采访过程中表达出来的情绪和想法，表现出对他们充分的理解和尊重，站在他们的立场去感受他们的感受。

举个例子，如果让你去采访一些留守儿童，写一篇关于留守儿童的报道，你会怎么做呢？一般来讲，留守儿童因为长期见不到爸爸妈妈而缺少社会性交流，遇见陌生人会比较拘谨，特别是在对方还是记者的情况下，他们会更加紧张。这时候如果问一些问题，他们是不知道该怎么回答的。只有放松才能让他们真情流露。

也许你可以和他们一起玩一玩游戏，或者让他们唱一首他们最喜欢的歌，让他们说一句话带给他们的爸爸妈妈，当你理解、共情他们思念父母的心情之后，他们才会释放出自己真实的情感。

第四步是寻找双方的共同点。不同类型的记者可能面对的人群各

有不同。他们会经常遇到形形色色的不同年龄、不同性格、不同职业的个体。他们可能是受过高等教育、具有无穷智慧的学者、教授，也可能是目不识丁的农民或幼小的儿童，他们的生活环境不同、文化水平不同。这就要求记者随时变换自己的角色，主动调整自己的话语体系，揣摩他们的交流方式与其沟通，在对方的认知范围内说他们听得懂的话。可以从自己与其所共同熟悉的话题入手，通过寻找自己与对方的共同点和共同的想法来拉近彼此的距离，打破采访过程中无话可讲或者话题中断的尴尬。

比如，如果我们让你去采访几个当年曾经协助过刘邓大军横跨黄河的中国老船工，你应该怎么办？这些老船工已经年迈耳聋、文化程度不高，方言也很重，听懂他们的话都是困难，就更别说向他们提问了。如果这时候你提出"当时是个什么情景？""你当时有什么感受？"这样宽泛的问题，那你肯定得不到任何答案。

当你跟着老船工在黄河上渡河，模仿他们的方言大声问"过河时风大不大？""浪大不大？"这些形象具体的问题，能一下子抓住他们渡河时最关心的点，而且很容易勾起他们当年的回忆，采访便能顺利继续下去。

共情既是新闻记者在采访职场生涯中的一门必修课，又是我们在职场上进行人与人之间的沟通所需要具备的一种能力。唯有让自己真正地走入彼此的工作与生活，善用自己的同理心，并且学会和沟通的对象进行换位思考,同时通过一个个共同的话题来挖掘、表达自己的感受,这种沟通方式才更加有效,才能够使对话向着预期的方向发展。

第七章　提升共情能力从沟通开始

第一节 沟通的本质

对于现代人而言，沟通实际上是一种天生就会的、必要且随时随地可进行的活动，它也是人类整体相互进行联系的基础性手段。每个人都生活在一个相互沟通的社会里：交流彼此的思想，或是自己的理想和期望，交流自己的喜悦、变化和痛苦。沟通可以让别人的智慧和才华得以充分发挥作用，沟通可以使人获得称赞和尊敬，沟通还可以直接影响到人的生活状态，决定他们是否快乐甚至影响他们的一生。

人际交往沟通就是要强调和谐，以之作为最高的原则，去指导各类人际交往活动。无论是社会组织还是个体，都应该具备一种和谐的社会人际关系。

忽略了人际交往关系的重要性，甚至把各种人际关系放在不重要的位置，就有可能会使它们成为我们未来人生道路上的巨大阻力。良好的人际交往关系其实也是每一个人生活中的重点课题之一，具有良

第七章 提升共情能力从沟通开始

好人际关系的人才更容易成功。良好人际关系的培养依靠良好的沟通，而沟通从选择正确对话方式就开始了，沟通就是好好说话。

1. 对话的正确开启方式

让我们来举个例子，体会一下沟通之初正确的开启方式是什么样的。假定你眼前有一个郁郁寡欢的人，你想帮助他排解忧愁，那么你该怎么开启这段对话呢？

比较好的开启方式一般是首先聊一点关于你自己的话题，而很糟糕的谈话方式则是开门见山地将问题说出来，直接扔到了对方身上。如果你一上来就问："你感觉如何？"被问到的人可能会疑惑你只是在行礼节性的问候，期待的不过是一个"还行，谢谢"的回应，因此他拿不准你是否真正关心他。

也许你可以用下面这些对话开启你们的交谈。

"我一直好奇你到底在忙些什么？"

"我一直在担心你是否顺利，或是哪里会出岔子？"

"我注意到你情绪很低落，我正考虑有没有什么事情是我能够帮到你的？"

值得注意的是，在开启对话的时候，要选择合适的对话场景和交谈方式。很多人愿意和对方相对而坐，认为这样更方便与对方进行眼神交流，那么你一定要注意：并不是每个人都喜欢被别人紧盯着的。

还有一些人喜欢边做手里的事情边谈自己的煎熬之事，这时候不要随意打断他们。因为一旦他们手头的话被打断，他们会紧张到难以

启齿，根本不知道自己该说什么了。

对某些人来说很适宜展开对话的情境是在开车或洗碗时。一旦对话开始，你可以向对方表达你对他们的浓厚兴趣，或者以提问的方式引导对方向你敞开心扉。

另外，提问题的方式也是有技术含量的，因为提问题也有优劣之分。有的问题是开放式的，有的问题是闭合式的。能给出的答案越多，证明问题就越开放。

在向对方提问的时候，你可能会问一些具体一点的问题。比如："最近工作怎么样？""你妈妈的病情好点了吗？""你昨天工作的如何？"，等等。

但是这样的提问也可能有使对方不悦的风险，可能对方根本就不想谈这些话题，这很有可能让他们觉得你是在审问他们。千万要避免给对方留下这种印象。所以，你也可以尝试像下面提问方式一样提出问题：

"你有什么要和我分享的事情吗？"

当你给对方留有很多余地和很大选择的空间时，你可以鼓励对方继续说下去，比如，"再多告诉我一点关于这件事的信息吧。"

在聊天进行了一段时间之后，你可能会怀疑对方是否想把对话继续下去，如果对这点有所顾虑，你可以询问对方："你还有什么想说的话吗？"也可以如此反复多问几次。一定要问些实际点的话，好让对方觉得你是在真正关心他，而不是敷衍。

第七章 提升共情能力从沟通开始

更高级的谈话方式是深挖一个话题，打动对方，让对方对你所说的话记忆深刻。这就要求我们在谈话过程中仔细倾听，获取更多交谈细节，深挖对方的特殊经历。假如有一个朋友向你吐露心声，说她正在为自己缺乏耐心的性格而烦恼，你该怎么做呢？

优选方式是直接追问她碰到了哪些具体问题，因为当我们谈论彼此具体经历的时候，能够直接体会到彼此的感受。我们从对话中获知的细节越多，越能准确地捕捉到对方所希望传达的信息。倘若没有具体事例，容易使你凭空猜测，这样很可能会让你避开真正的症结。而如果对方能够提供一个具体的例子，那么就会与那种假设的情况变得截然不同。有时对方可能会给出一个很有用的信息，比方说她谈到过去15年她一直在等待丈夫改过自新，丈夫允诺过她。正是因为这她才失去了耐心，这就是一个可能使事件柳暗花明的关键信息。

2. 深入的沟通需共情到对方的真实需求

人类的思维是非常复杂的，出现问题的起因有很多种，所以我们在进行沟通时不能只着眼于面前，而应该把自己融入对方的情境之中，才不至于影响了对事情的判断。深入的沟通一定是需要共情的，是从对方的意愿入手的。

如果我们连对方的目标和需求都搞不清楚，就很容易南辕北辙。通过共情，了解对方的意愿会为我们指明方向，知道该将对方、对话引向哪里。

让我们来进行一项训练，看看你能否沉浸到对方的场景中去——

想象一个具体、美好的场景，当你沉浸其中的时候，会感到高兴而且很充实。

如果你是一个高敏感特质的人，你很容易就能完成这个训练，但是对大多数人来讲，也许这是一项很艰难的任务，他们很可能觉得根本完不成。那么这种情况该怎么办呢？可以引导他们幻想如下一些场景。

丈夫对你说，娶了你是他莫大的荣幸。

你在合唱中放声高歌。

从早到晚，你有一整天可供支配的时间。

老板表扬你的工作表现突出。

母亲爱抚着你的头发。

你背着一身行头骑行去野外露营。

妹妹在打探你现在感兴趣的事情。

回到正题来，在沟通中可以放飞你的想象力，并根据对方表达的具体情况给出你的建议。如果对方对其中一个或多个建议表示认同，那么他内心的真实需求就一目了然了。

如果还不能了解到对方的真实需求，也可以试试勾起对方的嫉妒之心的方法。比如，可以问问对方，有哪些场景会让对方产生嫉妒的心理，他嫉妒什么就表明他在意什么，也许那就是他的真正需求所在。

还有一点需要注意的是，我们周围大多数人真实需求得不到满足，情绪就会慢慢转化为痛苦或者愤怒，我们和对方对话的目的是引导对方把这种痛苦发泄出来，痛哭一场也许比大发一通脾气更有神奇的效果，会对对方有很大的帮助。所以不要害怕对方哭泣，那往往是一个好现象。

因为一个人长期浸在怨憎之中将比做一具行尸走肉还可怕。但痛苦不同，痛苦有一个生延降灭的过程，能引起对生活的反思，它是高敏感人士的"老相识"。

3. 沟通的最终结果是行动

当我们共情到对方的情绪和心理，了解到我们的沟通对象的真实目标和愿望时，我们除了让对方有一个情绪发泄的出口之外，最终的目的是帮助对方实现他们的目标，或者说满足他们的需求。这时候，再进一步沟通你会发现，大部分人的苦恼其实是和他们自身的问题相关的，如果深究下去，最终会落到这些人本身的问题上。其中一个很显著的问题就是：个人的意志力不够。

比如，我们问出如下这些问题：

是什么让你情绪变糟？

你为什么还没有得偿所愿？

你失落的原因可能是什么呢？

但是上述问题都是在关注对方的负面情绪，接下来你需要更多地关心对方的内在能量，然后提出如下问题：

你是如何进行自我管理的？

你是如何度过那段困难时期的？

你有哪些内在能量？

你人生中有哪几次有趣的体验？

你感觉自己有很好状态是在什么时候？是什么让你感觉如此良好？你还能再次迎来这种状态吗？

是什么阻止了你成为一个犯罪分子、瘾君子或是流浪汉？

祖母很欣赏你的哪一点？

列出这几年他人给你的积极评价。

列出你成功迎接的挑战和顺利解决的难题。

很多人容易把功劳都归于那些曾经帮助过他的人，即便是他们获得不俗的成绩，也从来没有总结过自己的内在动力为这些成果发挥了多少作用。这时候需要你去让他们发现——哦，原来这些归根结底都是由于自己的勇气、自己的毅力、自己的坚持、自己的意志力发挥了作用。

如果你能让对方发现这些积极的因素，激发他们的积极主动的状态，那么他们也许就找到了实现自己目标的动力，不用你给出什么建议，他们也能依靠自身内在的驱动力去想方设法实现自己的目标。

总之，作为一个沟通者，当你面对一位需要帮助的亲人或朋友，你的对话首先应表现出体谅对方的情绪，引导对方舒缓自己的情绪，找到对方的真正需求，进而激发对方内在的积极能量，帮助对方看到自我的内在力量，从而付诸行动，改变才会发生。

第二节 共情沟通的技术是成功者所必备的

资产管理专家彼得·德鲁克先生曾经这样讲过:"效能主要取决于您通过各种语言和文本进行交流的技巧。"所有低效的工作、糟糕的角色或者是人物关系背后都有一个基本的共性,那就是不会及时地和其他人进行沟通、交流,也不会正确地去表达自己。因为这种沟通问题带来了人际关系以及在工作中的挫败感,所以会让我们心里产生深层次的自卑感。

还有一家医疗服务机构花费75年的时间,对几百名病人的身体和一生情况做了跟踪调查,想要去了解到底是什么能够使人们一直保持健康和愉悦。其答案并非是金钱,也并非成功,而是建立良好的社会人际关系。

良好人际关系的建立离不开良好的沟通。有人说"我天生不会说话",而实际上,即便是不善言辞,一些基本的沟通技巧也是所有

人应该具备的。你可能说不出太多华丽的辞藻，但是如果你能对对方的感受和需求做到倾听和尊重，即便你说很少的话也能实现高效的沟通。

1. 共情沟通的三原则

共情沟通的第一原则是只谈论行为，不谈论个性，就事论事，不要对对方的个性妄加评判。在与人进行交流、沟通的时候，只谈论一个人所做的某一件事，或者对这件事所做的行为过程。在我们的工作或者日常生活中，我们常常会发现很难真正做到就事论事，这就容易导致我们与人进行沟通时双方会产生负面情绪，进而可能引发纠纷甚至是争吵。如果在情感沟通中不能始终保持对于一件事情的中立与客观，就可能会使自己陷入"谁对谁错"的深渊，到时候不仅不能顾及自己的事情是否能得到解决，还可能会使自己陷入情绪处理的困境。

共情沟通的第二原则是明确沟通，不含糊其词。就是我们在谈论事情的时候，要明确表达自己的意愿，不让对方产生别的意思而误解。中国人的沟通习惯中有个特别需要改进的地方，就是说模棱两可的话，喜欢兜圈子，自己的需求不敢直接表明，总想让别人去猜。这样的方式用在工作中是万万不可的。

举个例子，年底了，总经理拍拍你的肩膀说："你今年业绩很好，工作非常努力。"这听上去是一句表扬的话，但是他接下去又说："希望你明年更加地努力。"这又是什么意思呢？是不是立刻感觉到，哦，

第七章 提升共情能力从沟通开始

这么说今年还不够努力,会使你陷入自我怀疑,不知道总经理到底要表达的是什么。

总之,无论你是一名普通员工还是一名高管,很重要的一个沟通技巧就是明确表达自己的意图,不让对方猜测,产生误会和误解,影响工作效率。

共情沟通的第三原则是专心聆听,杜绝心不在焉。很多人的沟通为什么失效?最重要的一个原因是没有专心聆听,以为说得多共情就多。实际上,说得多,听得少这种沟通往往容易让自己陷入一个沟通的心理旋涡:只顾着自己进行语言表达,只希望听到自己想要听的,只从自己的内心和立场出发考虑,效果自然可想而知。

聆听也是有层次的,可以分为五层。

第一个层次是充耳不闻,就是左耳朵进、右耳朵出,信息没有在大脑里停留,因此人们对于信息的接收程度几乎为零。当我们和对方在沟通的过程中没有任何的眼神交流,也没有清楚地看出对方在别人说话时都有何反应,这种沟通注定从一开始就是毫无效果的。最典型的例子就是,妻子在旁边唠唠叨叨,丈夫却该干什么干什么,根本没有听进去。这种层次的沟通是不可能解决问题的。

第二个层次是假装去听,其实并没有听到。比如,当你和客户在交谈的时候,客户似乎一直在听,实际上他的脑袋可能在开小差,想别的事情。这时候,你停下来问他该怎么办,他或许根本就给不出答案。他只是做出聆听的样子。

第三个层次是选择性地听，只选择对自己有利的或者符合自己意愿的内容听。和客户沟通以及和孩子沟通都有可能出现这种情况：孩子会说，这就是你刚刚说过的呀，怎么不承认了。殊不知当你们的意见无法达成一致的时候，孩子往往只会选择对他而言听上去有利的话语来接收，而忽视其他话语。

第四个层次是专注地聆听，就是认真地听对方讲话的内容，感受对方的语气、语调、音量、节奏等信息，能够接收90%以上的信息。

第五个层次是设身处地地聆听，就是完全了解说话者的内容，并且能够融入对方的语境，站在对方的立场上去听、去感受。听完之后，你不但能反馈对方表达的意思，还能说出对方想要的是什么。让对方感觉到，你们是真正交心的，你是懂他的。

沟通的基本原则之一就是达到设身处地地倾听这一步，才能进一步运用其他沟通的技巧和方法。

2. 几个共情沟通的小技巧（特别适用于职场中）

（1）要专注于如何得到你真正想要的结果

在一次重要的沟通之前，你一定要首先明确自己的沟通目的和需要达到什么结果。比如，如果你想和自己的另一半讨论他总是不做家务的问题，你要先问问自己，你想要的结果是什么？是要对方参与到自己的家务中来，还是让对方意识到你做家务很辛苦就已经足够。

你还要明白你不想要的是什么，你也许不希望自己和对方再次发

第七章 提升共情能力从沟通开始

火,不想太多地伤害到对方的心。然后再想清楚要怎么样获得你自己想要的而同时又能够避免你不想要的结果出现。

你也可以这样要求和计划——今天,我们要一起制订一个家务的分配计划,但是我也希望和他能心平气和地解决问题,不要因为意见不同而吵架,所以我一定会特别注意他说话的语气,如果他很生气,我的语气就会缓和一些。

只有真正确立了一个沟通目标,才能够在与人交流的过程中迅速地从偏离处回到正确的方向,避免陷入一场无谓的纠缠困境。

(2)自我觉察

我们要在与人沟通中注意时刻留心自己观察的感受和情绪,防止在沟通中被自己的感受和情绪带跑。如果你不能自我觉察,可以暂时停顿一下,等到发掘出是什么样的情况导致你产生了内心反应,还要认真审视现在是不是你展现自己情绪的时候。如果一定要有意识地表达自己的情感,要考虑这个情绪和心理状态会不会有利于你们进行下一步的沟通。

比如,你在与对方进行沟通的过程中一定要特别注意自己的非语言信息,就是那些能够充分表露自己情绪的肢体语言,或者你说话的语气等,这里都对对方的理解有着非常重要的影响。有时候,有人会违心夸奖某一个人,但是他们的表情会出卖他们。为了避免你也成为这种违心的人,你就可以对着镜子进行练习,看看自己的非语言表达是什么样子的,是否必须进行调整。

（3）制造安全、良好的沟通气氛

只有在和谐、愉快的氛围中，沟通的双方才能够敞开心扉，乐于分享彼此的信息，沟通才会更加顺畅。

在正常的工作和生活中，没有什么人真正愿意在沉闷、紧张的环境中与别人交谈。而且在职场中，我们也会需要时不时地放松下自己的心情，在轻松愉悦的工作环境下彼此坦诚相待。即使我们只是在谈论一项很严肃的话题，也要为自己塑造一个安全的环境和氛围，让对方觉得，我们只是在谈论一项业务、谈论一项工作，谁都不能对谁怎么样，大家所要做的只是安心地思考这项工作。在这种环境下，双方才可能良好的沟通，而不是互相提防。

你甚至可以充分地表现出你对对方的高度重视，在口头上给予对方及时的关心和回应，或者使用点头、诚挚地关心和注视的方式回应，或者也可以针对对方刚刚谈话的内容进行提问，以此来充分地表现出你是很认真并且很愿意去倾听他的话。注意尽量和对方进行事实陈述，而避免作直接的判断。

比如，你可能会经常觉得自己的上级对自己太严厉，你虽然希望向他明确指出这一点，但是你又不希望说出来之后影响到你们的人际关系。在这种情况下，你或许可以首先向对方提出一些细节性的东西，比如，你可以说"上周这份报告你进行了三次审阅，甚至在客户很满意了的情况下，你依然就很多内容对我进行了批评"。切记不要预先对你的上司作出其行为正确与否的判断，说出"你总是挑剔我"

的结论。这样对方也就能根据情境作出解释："我当时是希望能帮助你更好地学习，所以我提出了很多可以改善的细节。"这样就能避免因为误会而发生冲突。

在进行商业性谈判时，很多人往往会强调要营造一个让人能够舒适、放松的环境进行谈判，或者即使是在电话拜访时也要保持微笑，因为对方就算在听筒另一头看不到你，也会通过你的语音和语调来感知你的善意和友好。这都是对沟通双方进行一种心理暗示，更多符合人们情绪在前、思考在后的反馈模式。

（4）学习使用多样的沟通方式

针对不同的环境、不同的个体和工作，我们必须要使用不同的沟通方式和交流方法。除了向对方进行坦诚的交流外，对方也许是用保持沉默或用模棱两可的语言来向他人传达消息。你平时可以多去观察不同的人在各种场景下的反应，看谁在什么样的场景下、面临什么样的人时会选择什么样的行为模式。

当我们原有的习惯根深蒂固的时候，使用不同的沟通方法对我们来讲是一个很大的挑战。比如有些人就习惯了理性沟通，不太会去感受别人的情绪和心理变化，总是本着出现一个问题就解决一个问题的原则，却不懂很多人的问题不在事情本身，极有可能是在情绪和态度上。

第三节　摒弃简单的情绪反馈，提升共情力

在我们日常应用共情沟通时，很多人总是将情绪反馈当作共情，以为只要回应了对方的情绪就是代表了解了对方的感受，殊不知这是最简单也最无用的方式。即便是在罗杰斯时代，也是常有类似的案例出现，让罗杰斯大为伤脑。在罗杰斯生命最后的日子里，他曾写文章尖锐地指出情绪反馈与共情的不同。曾有文章还调侃过罗杰斯治疗来访者的过程，完全误解了共情的意义。

那个故事是这么写的。罗杰斯在他10楼的治疗室内接待一位来访者。这位来访者告诉罗杰斯，他非常抑郁，罗杰斯说："听起来你真的十分抑郁。"这位来访者接着说他在考虑自杀，罗杰斯说："你很抑郁，以至于你都想结束你的生命了。"这种"反馈"持续了好长一段时间，直到来访者大声说"我太抑郁了，想从楼上跳下去"。罗杰斯又接着几乎一字一句地按照来访者所说的回复了他。来访者此时径

第七章 提升共情能力从沟通开始

直走到窗户旁，打开了窗户说："我太抑郁了，我现在就要从楼上跳下去。"罗杰斯接着说："你太抑郁了，以至于你现在就可能要从楼上跳下去。"愤怒之中，来访者站在窗户的边缘。当他跳下去时嘴中说的最后一句话是："啊啊啊啊啊！"与此同时，罗杰斯一个人在治疗室内重复："啊啊啊啊啊。"

这种扭曲的见解令罗杰斯大为恼火又很无奈。

其实什么是真正的共情，罗杰斯早就已经指出：真正的共情就是要去了解另外一个人在这里看到的世界产生的感受和经历，就有点好像你只能是那个人一般。但同时，你也时刻记得，你和他还是不同的。你只是认识和理解了那个人，而不是真正成了他。

罗杰斯还说，共情还意味着让你所共情的人知道你理解了他。但是，罗杰斯从未说表达这种理解的方式仅仅是直接的情绪反馈。事实上，他认为还有很多其他的方式去表达一个人对其他人的理解。

下面为大家介绍的这八种反馈回答的方式是由著名的心理顾问兼咨询师 Ed Neukrug 总结出来的，既可以将其运用于心理咨询中去，也能够为我们日常疏解亲人或者是朋友之间存在的问题提供参考。

假设我们现在有位朋友遇到困惑，来找我们寻求心理帮助，我们可以运用如下回应方式，在如下的场景中为他排忧解难。

1. 非言语行为的反馈（ Reflecting Nonverbal Behavior ）

这是一种最为简单也最为重要的回应方式，就是通过观察对方的

非言语行为来判断对方的情绪，进而描述对方此时的心理状态。

好友：我不知道今天我们可以聊些什么。最近发生太多事了。

我：嗯，看到你的坐姿（非言语行为），我感到你这周可能经历了很多事吧？你没精打采的姿势让人看起来很沮丧、很郁闷。我还感受到，你是不是难过得想哭？

2. 对深层情感的反馈（Reflecting Deeper Feelings）

这点也不难理解，就是能认识到求助的人所说的言外之意是什么。需要注意的是，我们的回应不是去分析对方的处境，而是作一个假设，作一个猜测。这些回应是我们真实地为对方感受到的，却是我们的朋友自己没有意识到的。

好友：我想不出什么别的办法了。我对我的丈夫感到无所适从，很挫败。无论我做什么都不见得有用。我一直尝试着用新方法去解决这些事情，但是他从来都不关心这些。我有种把什么东西都扔给他的感觉。

我：你的挫败感我可以很明显地感觉到。你尝试那么多不同的方法想做好，但它们似乎并没有什么用。不过，总的来说，我觉得从你的讲述中感觉到了悲伤，你为无法和你丈夫有足够的连接而感到悲伤。

从这个例子里，我们看到，我们将朋友的挫败感转移到她的悲伤情绪上，尽管她没有意识到自己的悲伤，但是我们帮助她察觉到了。如果我们的感觉是对的，对方就会给予回应。

第七章 提升共情能力从沟通开始

3. 指出有冲突性的感觉和想法（Pointing out Conflictual Feelings and Thoughts）

这是为了让求助者更好地了解自己，知道自己在为哪些矛盾的冲突挣扎不已，而这些矛盾往往就是困住他们的原因。我们只要帮助他们找出这些矛盾，就能够帮助他们为今后的生活做出更加睿智的选择。

好友：有一天，我和同事出去吃午饭，我知道她在跟我开玩笑。当我在她周围时，我就想到我多么希望在我的生命中有一个像她一样的人啊，我甚至想和她有更多的接触。

我：我听到了两部分的你。一部分是你觉得你的妻子让你安定。但另一部分，你希望你能拥有让你兴奋的事。

我们每个人都处在不同的矛盾冲突中，处在困境中的人们往往看不清自己的矛盾是什么。所谓"旁观者清"，我们可以帮助他们看清困扰他们的本质原因，让他们更好地理解自己的处境。否则，他们只会纠结于其中，来来回回却找不到出路。

4. 运用视觉意象（Using Visual Imagery）

视觉意象主要是由我们的右脑传输的，走的是和我们传统的谈话不一样的神经通道。当我们收到求助的时候，我们可以试着想象一下对方描述的画面，并且描述出来，就像让对方置身其中重演了一样。

好友：我想死，我的朋友和父母都不支持我，都在恐吓我。他们

怎么就不理解我呢?

我:你知道的,当你在与我讲述你的情况时,我就想象到你躺在地上,周围都是你的朋友和家人,他们向你宣告着各种负面的评判。你觉得你根本动不了,虽然你尝试着想出什么办法从这里逃出去,可是你根本想不出什么对策。

这种意象的描述会让求助的人感到你非常理解他的处境,也很理解他所承受的负担。同时他可以用一种全新的视角看待自己的处境,没准就能通过这种方法找到挣脱的方法和答案。

5. 运用类比(Using Analogies)

和视觉意象一样,类比用的也是不一样的神经回路。类比会用到逻辑分析,可以把求助者的情况比喻成另一种他可以接受的情况。

好友:我在这个巨大的办公区工作,每天我都坐在我的小隔间里。其实那里有很多很多人在我周围,但我感到我是一个人的。这比我真正一个人待着的时候还要抑郁。尽管所有的人都在我周围,但是没有一个人注意到我。没有人跟我讲话,没有人和我互动。有时候我会特别难受,我不如在我的小隔间死了得了。但我觉得,这样也没有人会注意到我吧。

我:这种情况,怎么说呢?你就像一只蚂蚁一样,就像在蚁穴里一般。所有蚂蚁都非常地忙碌,忙碌着,忙碌着……它们从来不看你,不听你讲话,不触碰你。好像就算你在那儿消失了,其他人也不会注意到这一点一样。

蚂蚁是一种生命力极强的生物，当这位朋友把自己想象为蚂蚁时，能很快明白你对他的处境是非常理解的，他能感受到一种向上的力量。

6. 有目标性的自我暴露（Using Targeted Self-disclosure）

这种方式不宜常用，但是偶尔用一下也可以收获不小。我们可以试着描述一下自己和求助者有过相似的经历，并且告诉对方我们已经克服了困难从中走了出来，这时候更要让对方明白，你相信他也可以克服这些困惑。

好友：我大脑已经无法思考了。我就是很抑郁。我尝试了各种方法去改变我的生活，但是什么用都没有。我尝试多跟人沟通，换了工作，改变了我的外表，我甚至还用了抗抑郁药，但是一点用都没有。

我：你知道吗？在我的生命中，我也有这样一段时间。我还记得那段时间我是多么的难受，想挣脱，费了好大的劲儿才走出来。

值得注意的是，只要点到为止，不要作更详细的描述，不要给对方暴露自己更多的私生活。你们的关系是死党的除外。因为这时候，只要让对方知道我们理解他就可以了，而不是把对方带入自己的困境，这并不能解决问题，反而可能误导。

7. 利用媒体来反馈（Reflecting Media）

日常生活中的很多情景，我们都在电影、小说或者流行的故事中看到过。当我们想到某个情节时，可以和求助者一起讨论其中的角

色，让他们拿自己和这个角色人物作对比，给他们参照，当然一定是其生活有希望的、健康向上的人物。

好友：我才刚刚拥有一切，我才刚买了新房子，才刚开启我的事业，接着就可以过个完美的日子了。但是，龙卷风把这一切都夺走了。

我：你所经历的让我想起了那本书《老人与海》。那位老人刚抓到可以让他脱离贫困的那条鱼，他把它系在船上。但是鲨鱼袭击了船，那个老人失去了他所奋力取得的财富。

这样的回应能带给求助者希望，因为《老人与海》的结局是被击败的落魄老人说着他一定会和那个年轻的孩子再去钓鱼的。这种"屡败屡战不服输"的精神正是这位朋友需要的。

8. 以一种可感触到的方式去给予反应（Reflecting Tactile Responses）

当求助者描述他的处境时，我们可以用我们自身的感觉、反应去回应他们，好让他们感觉到我们就像是一面镜子，正在映射的就是他们自身的感受。

好友：每当我和我的伴侣在一起的时候，她不断用负面的言语攻击我。我尝试用各种各样的方式尽可能达到她的期望，但事实上我好像永远也达不到。即使我觉得我做了她想让我做的，这看起来好像依然不够。我完全迷失了。

我：当你告诉我你经历了这一切的时候，我感受到揪心的疼痛，

第七章 提升共情能力从沟通开始

好像被什么咬了一般。我的肚子里好像也在拧巴着。我想这也许是你所感受到的。

还可以将这种方式用于正面的情绪。

好友：我今天去工作感觉特别好，没有什么不开心的。我老板告诉我，我的工作做得很棒，还说她已经建议上级让我升职了。太开心了！

我：我刚刚听到你说到有关你老板的事时感到身体一阵轻松。我知道你的工作环境曾经是多么的困难。

以上这些共情的方式都可以给求助者注入崭新的能量，让他们在寻求帮助的过程中更加理解自己的处境，通过不同的视角来看待自己的困难。我们一定要注意，以上回应都是应出于自然反应，不要有任何造作的嫌疑。

以上这些技巧，你学会了吗？

第八章

避开共情的误区

第一节　共情是有局限的，要避开对共情的错误看法

当我们谈论共情时，我们一定要明白一件事，那就是共情并不能帮我们解决任何事，它是有很大局限性的。当我们面对寻求帮助的朋友或者病人时，一定要保持清醒的认识，在自己力所能及的范围内帮助他们，而不是把共情当作解决问题的万能钥匙。

1. 共情的局限性

首先，我们要把共情的局限性放在心理治疗关系中去观察。事实上，心理治疗提供的是一种建设性的关系，是一种氛围。对当事人来说，就是在治疗师面前能够做自己，展示自己的不同侧面，观察和理解自己的行为，这是心理治疗产生的基础。

而事情发展往往都是这样：走着走着咨询者就不会觉得这段医患之间的治疗关系应该是自己建立起来的了，只会觉得这个自己就是自我，必须将医患关系里面的"爽快""便宜"占到一半，才觉得是

第八章　避开共情的误区

没有浪费自己的时间和权利。不管怎么说，治疗师都是二人世界的心理学专家。但是我们的咨询者有时也非常有办法，偏能做到不让心理治疗师得志行道，就好像偏要召唤治疗失败、两人同时失意，他们才高兴。

也就是说，咨询者的主观感觉会在某些内心的情境中发生失真，这种失真是客观存在的。正是因为共情的这一危险性，一方面拉近了人与人之间的距离；另一方面又有可能会使他们失去自我，就好像将一个人浸入于病理学的思维中，不能挣脱。

因为当进行心理治疗的患者在进行严重的精神分裂或其他人格障碍的治疗时，另外一个部分要求我们必须保持在生活中的存在，去体会和观察，不能让自己也陷入同样的情绪和心理危机。

心理学治疗最好的途径之一就是能够让当事人充分认识到自我的世界，并对之进行充分的理解，自我治疗。这既是文明的表现，又能发挥人性的作用，还能限制人性中的贪婪。这就要求双方必须做到人格和行为上的平等，共同遵照时间平等、互利共赢的原则去做。因为，毕竟，在进行心理学治疗时，一个是治疗师，一个是患者，而不是两个病人在一起。

共情的另一个局限是，它并不是激发人们行为的唯一动机。不仅是共情，连愤怒、恐惧和对报复的欲望也有可能会给人们带来一些积极的效果。

很多人谈到《汤姆叔叔的小屋》和《荒凉山庄》，都认为是故事

让读者感受到了主人公的悲惨处境，引发人的共情，继而引发了巨大的社会变革。《汤姆叔叔的小屋》这部小说是19世纪最畅销的小说，并被认为是刺激19世纪50年代废奴主义兴起的一大原因。在它发表的头一年里，在美国本土便销售出30万册。该书对美国社会的影响是如此巨大，以至于在南北战争爆发的初期，当林肯接见斯托夫人时，曾说道："你就是那位引发了一场大战的小妇人。"后来，这句话为众多作家竞相引用。

但是请不要忘记，还有一些艺术作品并不是用共情的方式来改变人们的行动的。比如，斯坦福大学的文学系副教授乔舒亚·兰迪（Joshua Landy）就给了我们一些非常典型的文学例子：一部《汤姆叔叔的小屋》之后，出现了另外一部小说《一个国家的诞生》；在一部《荒凉山庄》旁边，还有一部《阿特拉斯耸耸肩》；一部《紫色》之后，会突然出现非常有趣的一部《特纳日记》。当年俄克拉何马州爆炸惨案的元凶蒂莫西·麦克维开的那辆满载爆炸物的货车后座上，放的就是这本白人至上主义的小说。

另外，我们还可以用其他的方法改变人们的看法，比如借助事实的力量。纪录片《难以忽视的真相》反映的是全球的气候变化问题，对环境保护运动起到了巨大的推动作用。但是纵观这部片子，我们可以发现，片中的主人公并不是一个惹人疼惜的角色，也没有妙语连珠的台词，仅仅只是用事实来说话，就已经具有了撼动人心的力量。

再想想过去的100多年里，并没有太多以肉制品为主题的畅销

第八章 避开共情的误区

书，但是并没有阻止人们的食肉行为。

所以，共情并不是万能的。

2. 一些关于共情的观点可能是错误的

第一，你口口声声地说过我们反对这种共情，但我们的共情其实也就是善良、关心、怜悯、爱和道德等，而不是你所讲述的能够去感受别人。不论怎么样说，你一定会明显地发现，很多人也许正是那些强调我们应该站在别人的立场上去思考、对别人的疼痛感同身受的人，他们真的以为道德来源于一种共情。

跟共情相比，同情和关怀的使用更为普遍。说自己对上千万名疟疾感染者共情会显得非常奇怪，因为你没有得过疟疾，你怎么能感受到他们的感受。但说你非常关心他们或者对他们充满同情就很合情合理。同样，同情和关怀并不需要镜像来复制他人的情感。

第二，共情意识能力强的人更善良、更愿意关爱别人、道德更高尚，这就表明了共情本身就是产生慈悲和美好的动力。很多时候，我们人类都认为自己是这样的，毕竟大家都愿意听到自己被评价为共情能力强的人，就像智力和幽默感一样，共情能力的评价也在人们心中占有很重要的位置。如果你在社交网络上进行交友，把自己描述成共情能力很强的人，那么你会更加受欢迎。

但人们对共情跟其他优秀特质之间的关系的看法其实是经验性的，也许，共情能力高的人并没有我们想象中的那样品德高尚、拥有善良的品质和极大的同情心。

例如，你可以先对一个人的共情能力进行测试，然后看看能否根据其得分准确预测这个人是不是一个善良的人。有的坏人共情能力更强。

研究发现，共情跟善行之间的相关性其实非常弱。有证据证明，较高的共情能力会让人在面对他人的痛苦时惊慌失措，作出荒谬的决定，而且往往会使人变得残暴。

第三，缺乏共情能力的人都是精神病态者，都非常可怕，所以我们需要共情能力。与第二点相反，那些缺乏共情能力的人也不一定都是病态的狂魔。标准测试会说那些精神病患者缺乏共情能力，或者不愿意对他人进行共情，但是并不能证明，是缺乏共情导致了患者患上精神疾病。只有当能证明精神疾病真的是由缺乏共情能力引起时才能说它证明了共情具有重要性。

第四，道德的某些方面可能与共情无关，但共情却是道德的核心所在。没有共情，也就没有正义、怜悯和同情。这种观点同样会对你产生误导，你可能会认为，只有具有共情能力的人才会去做善事。但是，有些事情并不是依靠共情约束的，比如，开车时往车窗外扔垃圾、在建筑物上写无聊的文字等。我们不需要对某个想象的或真实的个体产生共情就知道这都是错误的行为。再想一想挽救落水儿童和慈善捐赠，这些行为里或许有共情的成分，但显然不是必需的。

第五，成为一个好人的动机需要情感压力来激发，毕竟，只有冷

第八章 避开共情的误区

冰冰的理性是不够的。持这种观点的人一定很认可大卫·休谟的这句名言:"理性是且只应当是激情的奴隶。"从这句话可推出我们做好事都是需要有一定的动机来推动的。毕竟,即便一个人知道最应该做什么,他也需要有足够的动机才会去做。

但是,用这个观点支持共情却并不成立。休谟所说的"激情"可以是很多东西的激情,如愤怒、羞愧、内疚,或者是积极方面的同情、善良和爱。因此,就算没有共情,我们照样可以有动机去帮助他人。

第六,共情可以被用来做善事,有很多例子说明共情会带来积极的改变。比如,反对奴隶制——道德领域的每一次革命都是以共情为导火索的。此外,共情也能激发很多日常生活中的善行。

这个观点是没有错的,但是,我们也很无奈地看到,有时候,共情会被慈善机构、宗教团体、以及那些政治党派当作煽动人们情绪的工具。如果这些机构有正确的道德目标,那么共情就会是一种很有价值的力量。但是,即便是共情可以被当作一种策略来促使人们做好事,把共情当作道德指南针其实是一个非常糟糕的选择,这无异于一种道德绑架。其实,我们有更多的选择去做正确的事情。比如,利用奖惩制度或者制约的方式去促使人们,而不是把希望寄托于共情。

第七,难道理性就没有局限性吗?共情问题就像聚光灯,共情只会让自己关心的东西占据焦点处。举个现实中的例子,即使你理智上有多么希望自己在对待自己的亲朋好友和其他人时要采取一视同仁的

态度，你也很难做到。这就是共情的局限之处，而且你很难把共情从脑袋中完全移除。同情是带有偏见的，关怀也有倾向性。我们很容易就会倾向于选择能带来符合自身利益的结果的选项。

当然，理性也存在着很大的局限性，毕竟人无完人，但是，在一定的情况下，理性将会让我们超越情感对自己的影响，作出更加正确的选择。其实，两者并不是互相矛盾的，可以综合运用，从而作出更加正确的选择。

即便我们是一个倡导感受情绪的人，也隐性地将理性摆在了优先的位置。例如，如果你询问他们为什么会认为共情如此重要，他们可能并不只会死死坚持自己的立场；相反，他们可能会主动拿出证明，并且谈论共情的积极影响及其与自己所关心的重大事物之间的关系。也就是说，他们还需要借助诉诸理性的方式去为共情寻找到支持。

第八章 避开共情的误区

第二节 摒弃过度共情

《情绪》杂志曾经作过一项研究，该杂志对66名男大学生进行情商的测试，其中就包括共情力测试。试验的结果表明，那些具有共情和合作能力的学生在完成了这些实验性操作之后，压力激素的水平增加了很多，也就是说，他们可以直接感觉到自己身体中更大的压力，而且舒缓这些压力需要花费的时间比较长。

一个很明显的心理结论是，对别人的抑郁情绪太感同身受的时候，这个人更容易出现抑郁的心理症状，有人给这种承受了太多共情的压力而使得自身出现心理问题的现象取了一个新的名字，叫"过度共情综合征"。就是说当你不仅仅是感受到了他人的感受，还会因为对方的烦恼而痛苦，甚至出现轻微的焦虑和抑郁症状的时候，就说明你过度共情了。

1. 怎样判断你是否过度共情了

一位精神病医生曾经为我们给出了一个略微极端的案例，用于帮

助我们理解过度共情，就是现在所谓的家暴问题。我们发现，很多家暴的案例受害者一般是女性一方，她们有时候对丈夫的暴力行为给予了很宽容的原谅。很多过度共情的女性都没有在伴侣实施暴力的时候进行反抗，反而给对方的行为找借口，甚至期望自己的忍耐能够帮助对方。过度共情让她们没有意识到自己的危险，反而为丈夫的种种暴力行为寻找合理的借口。这是很悲哀的，也是很无奈的。很多女性也因此错过了摆脱困境的时机，在家暴中越陷越深。

过度共情的人具有以下的特点。

一是特别敏感。他们能够观察到别人所预见不到和注意不到的一些细节，哪怕别人出现了一点微妙的情感变化，他们还是能够直接地感知和体验得到。

二是过度共情者很难控制好自己的情感，因为他们特别容易被其他人的心理感染，很容易就会出现很大的心理情感波动。短时间内由兴高采烈进入抑郁的境地。

三是一个过度共情的人总是把帮助对方解决问题的责任揽在自己身上，想要帮助别人解决问题，却完全忽略了自己，而且还希望通过这种方式和途径巩固自己的社会价值，总是希望能够让自己真正感觉到是被别人迫切需要的。这就会直接导致他们总是侵入别人的日常生活，一旦别人需要和他们划清边界，他们就可能会觉得自己被别人排斥，从而容易感到受伤。日常生活中的婆媳关系如果处理不好，就很容易导致因婆婆的过度共情而侵入夫妻之间的生活。

第八章 避开共情的误区

四是过度共情者很有可能从对别人感同身受而逐渐转化成憎恨或者厌恶。因为他们与人交往时给别人的帮助或者请求可能不是对方真正想要的，所以一旦被别人拒绝，他们很有可能就会切断与对方的联系，自顾自地陷入愤怒和挫折的情境当中。

2. 除了天生的敏感，后天环境也是过度共情的温床

根据心理学家的研究，有些异常敏感和过度共情可能是天生相伴的，但是，更大的可能是和后天的环境有关系，应特别注意的是以下两种类型的家庭环境，极易养成这种特质。

第一种是危险的家庭环境。在这样的家庭环境中，有些母亲或者照料者的情绪如果不稳定，一旦发泄到孩子身上，很大可能会演化为语言暴力或者肢体暴力。在这种环境下，孩子常常处于持续的恐惧状态，没有任何安全感。因为他们不知道危险什么时候会降临。因此，总是一种小心翼翼、如履薄冰的状态。这样的孩子被迫对周遭的环境、人与事物保持高度的警惕和敏感，随时准备发现那些危险情绪的预警信号。

孩子在这种环境下习得"过强的共情能力"，主要是为了自己安全的考虑，而不是出于对他人的关怀。这些孩子过早地学会了第一时间觉察别人情绪的细微变化，随时准备应对他人情绪，以使自己不被伤害。

同时，他们强烈的反应并非"为他人的痛而痛"，而是一种面对他人激动情绪时条件反射式的不安与焦灼，因为别人的痛苦让他们本

能地感到危险。

第二种是批评性的家庭环境。在这样的环境下,家长对孩子往往太过严厉和苛刻,并用极高的标准去严格要求他们。一些孩子通常会因为自己做错了一件事或是未能达到家长的期待而被惩罚,这样的批评和惩罚常常被认为是一种情感性的暴力。比如,父母表现得极其烦躁和郁闷,不断地叹气或者干脆不跟孩子说话,借此向孩子表达:"你很糟糕,我很失望"。事实上,将批评化作无声的情绪或行为会比直接的责骂更加让人喘不过气。

心理学研究表明,以批评为主的教养方式会让孩子相信自己就像父母评价中的那样一无是处,潜意识里将父母的评价当作真实的自己的评价。另外,他们很容易把别人的情绪解读为其对自己有负面评价,会认为父母生气是因为自己的错,也可能会认为父母的漠不关心是因为自己太无趣。这些孩子长大后,会变得对他人的情绪格外敏感,并把那些情绪都当作对自己的负面评价,而为了让他人对自己满意,他们会去尽力平稳那些情绪,可能形成讨好型人格。

3. 边界意识——健康共情的必须

我们常说共情就是换位思考,就是我们站在对方的立场上,为了彼此利益设身处地地着想。特别是在日常的人际交往中,要充分体会他人的心理情绪,理解他人的立场和感受,并且要站在他人的立场去思考和解决所遇到的问题。但是,一定要注意建立健康的边界,才不至于过度共情。

第八章 避开共情的误区

首先，要明确自己的情绪来源。你要搞明白自己的情绪是怎么来的。是因为感同身受，真的在为对方着想，还是感到对方的情绪之后被对方感染了。比如，在你看到他人心情低落而自己似乎也因此变得情绪低落时，你需要问一问自己，这种情绪的低落是因为你尽量想象把自己放到了和对方同样的处境，体会到了对方身在其中的痛苦还是因为对方的情绪不好，而让你也感到紧张和焦灼。

如果是后一种，那你就是过度共情了。

其次，你一定要告诉自己，他人的心理状态和你是没有关系的。自己对他人情绪的敏感是由于对受伤的恐惧，或是对负面评价的担忧，那么，你需要明白以及证实他人的情绪可能与你无关。

在这种情况下，你可以强迫自己，在发现别人的情绪十分激动时不妨克制住自己，不作出任何回应，然后观察对方的反应，看看是不是对方真的为此对你施加了伤害。这时候，你可能惊喜地发现，原来，你并不是对方产生情绪的原因，更不是这种情绪的受害者。他人的情绪完全不会对你产生什么影响。

最后，你要明白，你是没有任何承担他人的情绪的责任的。不管你们的关系多么亲密，你们都是独立的个体，都没有责任和义务去分担他人的痛苦。所以，你在对他人的痛苦、悲伤感同身受的同时，也要清晰地意识到，这是他人的情绪，也是他人的人生，我们可以站在他人的角度感同身受，但我们不能深陷其中、无法自拔。

只有真正找到了自己与别人之间的健康边界，才会更加有能力去

关爱别人，同时才会更加努力地维护自我与他人世界的平衡。

4. 要引导孩子避免过度共情

在亲子关系中，我们可能会遇到这样的孩子：他们总是因为身边的小事就表现出很伤心的样子，或者表现出十分敏感的一面，总是觉得自己做得不好。这就是过度共情的孩子。

举个例子，有个叫凯凯的小孩喜欢和邻居家的狗狗一起玩。那条狗狗性子很温顺，凯凯和狗狗建立了很深的感情。但是有一天，狗狗生病了，凯凯就着急得不得了，每次做完作业就急冲冲跑到邻居家陪伴狗狗。后来狗狗还是去世了，凯凯情绪也特别低落，哭成了泪人，很多天都无精打采，总是心不在焉，作业也写得乱七八糟。

这就是孩子过度共情的表现，已经严重影响了孩子的生活。这时候就需要家长的及时引导，帮助孩子从不好的情绪中走出来。

作为家长，我们首先要理解孩子，接受他们情绪的波动并耐心陪伴。其次就是要时刻地给予自己和孩子一个正确的方向，告知自己和孩子：共情是一件好事，但我们不能因为他人而让自己陷入过度共情的深渊里，去额外承担他人的负面情绪。

另外，重要的一点就是让孩子明确自己想要什么。有些时候，孩子容易受他人的情绪影响而跑偏，忘记自己本来想要的是什么，这时家长可以帮助孩子明确他自己的目标。如果孩子在前行的路上因为对他人的共情过度而偏离了自己的目标与方向，我们就应该及时去提醒

第八章 避开共情的误区

孩子，让孩子把共情控制在合理的范围之内，并把注意力转移到自己本应努力的目标上。当孩子有了属于自己正确的目标和前进的动力，他就不会那么容易陷入共情过度的情况里了。

第三节　共情不是滥情，要从共情走向善行

耶鲁大学公开课最受欢迎的教授之一保罗·布卢姆这些年来一直致力于关注人类心理和情感活动中的各种共情现象。在他眼里，仅仅是共情并不能有效地帮助每个人实现做善行。布卢姆把共情划分为两种形式：情绪性的共情和认识性的共情。他反对过度的心理和情绪性共情，这和上一节我们所讲的摒弃过度的共情的观念是一致的。另外，他非常赞同认识共情，认为只有一种理性的共情才能帮助现代的人们从这种共情走向善行。而善行是我们共情要达到的最终目标。

1. 共情与其他道德考虑可能存在冲突

如今，依然有许多人深深地相信，只要我们通过共情就一定能挽救整个世界，特别是那些倾向于自由主义和改革派的政治家，试图通过共情来获得人们的支持。另外，还有很多研究都与共情密切相关，

第八章 避开共情的误区

还有针对婴儿、黑猩猩和老鼠的研究,都在试图证明共情对于激发人们去做善事发挥着非常重要的作用。

然而事实并没有那么简单,实验证明,共情和其他伦理考量因其关系有某些共性而很有可能会发生冲突。接下来看看著名的社会心理学家丹尼尔·巴特森和他的同事们所作过的实验。研究者告知被试者,有一个名叫谢里·萨默斯的身患绝症的10岁小女孩正在排队等候能减少痛苦的治疗。同时,研究者告诉被试者,他们有权让这个小女孩插队到最前面。

刚开始,那些被试者都认为,这个女孩没有权利插队在别的孩子前面,应该排队等候,不能搞特殊,因为其他的孩子也需要治疗。但是,如果先让被试者感受一下这个女孩的痛苦,有很多的被试者则转而同意让女孩插队,让她排在其他也需要治疗的孩子前面。

泽尔·克拉文斯基(Zell Kravinsky)的故事也是一个很好的例子,他在这个时代行善、利他的活动并不是出于同样的共情,他将自己4000多万美元的全部财富都赠送给了慈善机构。但这还远远不够,他突然觉得自己的工作做得不够好,于是再次不顾父母和家人的坚决反对,把自己的一个肾捐赠给了另一个陌生人。

当我们知道这个无私的年轻人捐肾,首先油然而生的就是对他的崇拜与敬佩之情,感动于他强大的恻隐之心。但是,从另一个角度来看,克拉文斯基的这个例子并非是我们想象的由于共情而推动的。克拉文斯基本身是一个智力超群的人,并且拥有教育理论硕士学位和诗

词博士学位，所以他是用数学术语来规划自己的利他行为的。科学研究文献的数据说明，捐献肾脏的死亡率只有 1/4000，于是他认为，如果不捐献肾脏就意味着他把自己的生命看得比 4000 个陌生人的生命还重要，而这种价值偏差是他不能接受的。

你能想象吗？像克拉文斯基这样，用冰冷的逻辑和推理来行动的人对他人作出的贡献可能实际上要比那些被共情感受驱使的人作出的贡献更多。

我们必须清醒地明白，共情在心理上是有其缺陷的，当我们将自己的注意力引导到需要协助的每个人，关注焦点也会变得非常狭隘，而且我们进行共情的途径和方式也可能受自己个体偏好的影响，我们进行共情的目标很有可能仅仅是某个个体，这对其他人来讲是不公平的。

举例来说，桑迪胡克小学发生枪击事件之后，陷入共情的人们以排山倒海之势行慈善之举，以至于这个纽敦小镇被压得喘不过气来。几百名志愿者被组织起来去存放从全美各地寄来的礼物和玩具，即便是在纽敦镇官方请求大家不要再寄东西之后，各种物品也依然源源不断地涌来。志愿者不得不找了个大仓库来存放这些毫无用处的玩具。此外，还有上千万美元的善款流进了这个本来就挺富足的小镇。这是一场充满黑色幽默的喜剧，共情让人们心痒难耐，想要有所作为，于是这些来自更加贫穷社群的人纷纷把钱捐给了比自己富裕得多的社群。

第八章 避开共情的误区

看出问题在哪里了吗？其问题就是那些人对真正需要共情的人的共情恰恰太少了。当人们在关心桑迪胡克小学的孩子和家庭时，有没有人对志愿者共情呢？有没有对其他国家和地方的孩子和家人共情呢？若是如此，我们又是否应该对那些在世界上年事已高却每天都吃不饱饭的老人共情？是不是应该对那些贫穷又买不起保险的人共情？还是应该对那些腰缠万贯却遭遇经济危机的商人共情？

从理智上来讲，我们会认为每个人都应该被尊重，每个人的感受都应该被考虑到。但是在现实生活中，我们很难做到面面俱到，对每一个人做到无差别的共情。现实是，我们每次只有可能对一两个人产生共情。试想一下货拉拉女孩跳车的案例，如果大众做到对司机和女孩都共情，就不会出现支持司机或者支持女孩两边倒的现象。这就是不公平所在，而世界上没有绝对的公平。

2. 分清情绪共情和认知共情，善用共情的有利之处

我们曾经看到过很多年轻人头上打着"共情"的宣传标语和政治旗号，实际却是在作恶的社会现象。而如果想要从共情进一步深化，走向真心善行，这之间还需要诸多的努力。甚至，用冰冷的推理逻辑和传统推理学的方式来行动的人可能会比共情驱使下行为的人产生更多利他行为。

就像前面提到的过度共情，借助它并不能完成善行。这种完全镜像式的共情往往只存在于家人、爱人或亲密朋友之间，这也决定了共情很可能是有亲疏远近的，是难以量化、难以长久持续的。

所以我们一定要区分清楚情绪共情和认知共情，摒弃过度的情绪共情，而是采用理性认知共情的方式来帮助他人。比如说，当我们听到别人正在经历苦难或者疼痛的时候并不一定要感同身受，把自己也置入那种痛苦的感觉中去。我们可以通过理性的、抽象的思维和认知，从旁观者的角度看清别人的处境，从而获得一种认知共情。这种共情方式，更容易让我们看清世界的本来面目，以此决定如何行动。而不是一味地处于别人的痛苦之下，却解决不了任何问题。因为认知之后是深思熟虑之后的选择，而这种对善行的选择才能支撑人们实现施行更为长久的善行。

而且我们还需要清醒地看到，真实的世界里很多好的坏的和善良的恶意的言行，并不都是因为他们的共情才被引发的，只不过现在的人们用他们的共情心理去诠释这些言行相对轻松，以至于没有能够看到背后的真正原因。如果我们不能充分地理解它，我们便可能将共情的概念和定义扩大到非常广阔，以至于使它们代替了全部的内涵，这就会直接导致我们对道德形成的精神机制产生一厢情愿的刻板认识。作为一个人，我们的精神和思想都是非常复杂的，每一个道德判断和我们的道德行动背后都有很多不同的路径，它们不仅仅是共情的结果。

所以，我们一定要清楚，认知共情和道德是没有关系的。认知共情是一把有力的武器，但是需要我们每一个人利用好它，而不是随便滥用。

第八章　避开共情的误区

情绪共情，也就是被亚当·斯密和大卫·休谟等哲学家称为"同情心"的东西，常常被简称为"共情"。情绪共情常常被很多学者、政客或者教育家大为赞颂，把这个称为高尚的品质。但是，情绪共情可能会让你觉得舒服却没有任何益处，它还有可能造成错误的决策和不良的后果。所以，不要轻易去试图和他人情绪共情，然后用道德束缚自己的思考。

虽然有时候这种共情对于我们来说确实有些好处，但从整体来看，摒弃一些过度的共情会使我们把工作做得更好。我们能够运用这种理性和正确的方式来对企业进行投资和支付成本，也会带着仁慈与善良的心去使用这种方式协助我们作出决策。

在一篇发表于2016年的研究中，芝加哥大学神经科学家让·德赛迪与同事基思·J. 约德先用量表评估了265人的共情关心和精神病水平，并就他们对与正义有关的道德问题的敏感性作了研究。

研究者要求每个参加者都思考8个场景，并且询问其在这些情境中的某一种行动被允许的程度。比如说，当你在急着赶一班到达时刻间隔很长的公交车时，一个带着小孩的女士的钱包掉了，包里的东西撒了一地，你能不能接受自己停下来去帮助她？

研究发现，在我们帮助他人的时候，是认知共情让我们产生了正义感，我们会对不正义的现象或者不公平的现象作出一定程度的反应。但是情绪共情只会让我们产生愤怒的情绪，对解决问题于事无补。那些越是冷淡的人越是不容易受到正义感的驱动。因此，研究人

员得出结论,与其指望那些冷漠的人突然有一天大发慈悲,去共情他人的不幸,不如通过认知共情采取激励的观点进行采择和心智推理,去促使人们关心他人。

因此,最终引导我们走向善行的,是认知共情。

结 语

共情是一束光,能穿透心中的恐惧和痛苦,让我们在黑暗中看到光明,找到生而为人的共通之处。让我们在迷茫和困惑时能破除迷雾,以共情力与内心对话,找到真实的自己。

无论别人是否认可,我们都能知道自己是谁;

无论物质是否充足,我们都能体验人生富足;

无论努力是否成功,我们都充满了激情活力;

无论梦想是否实现,我们都追求与实现了自我突破。